cookie laboratory

cookie laboratory

餅乾研究室 I

cookie laboratory

研發達人 林文中／著 張為凱／協力

CONTENTS

Part 1 學寫自己的配方

從認識餅乾的材料開始，傳授你關於配方與口感的關鍵結構比例，
學會自己寫出專屬的美味食譜～

Part 2 影響口感的變數

除了可口的配方，你還要學會正確的烘焙製作流程，
從秤料→攪拌麵團→塑形→烘烤，每一個關卡都有訣竅喔～

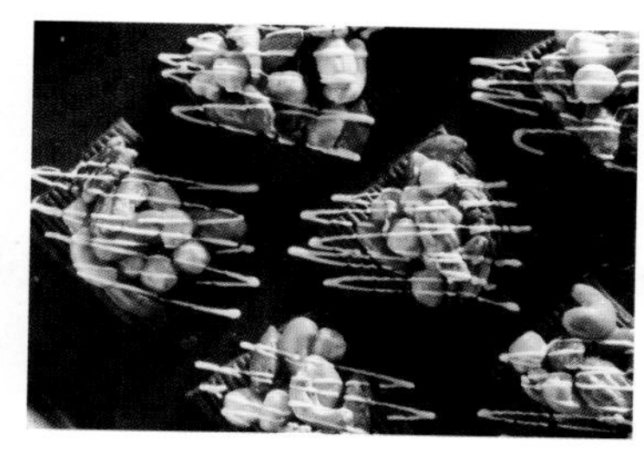

Part 3 酥鬆類餅乾

配方中油比糖多的餅乾，是市面上最常見的配比，酥鬆的口感廣受歡迎～

Part 4 酥脆類餅乾

配方中油和糖同量的餅乾，口感酥脆，很適合做薄餅或者夾心類餅乾～

Part 5 脆硬類餅乾

配方中油比糖少的餅乾，口感脆硬，適合搭配堅果或果乾～

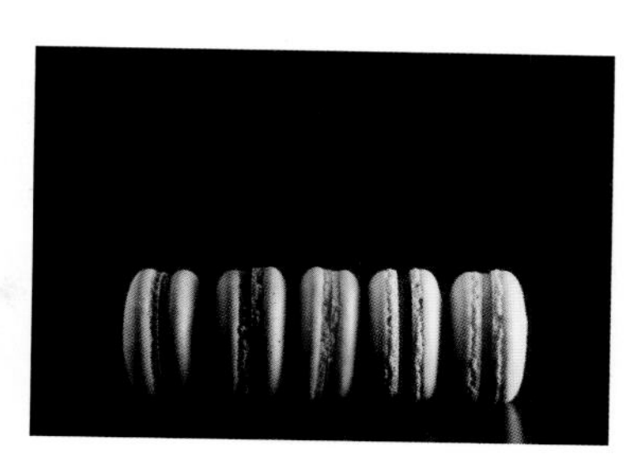

Part 6 其它類餅乾

以蛋白為基底或特殊的餅乾類型，收錄各式經典的西式餅乾～

從認識原物料特性開始，用科學的方式烤餅乾！

餅乾主要的原料只有油、糖、粉及液態原料，但由這四大原料就可變化出不同配方、外觀及口感的餅乾，若再額外添加副原料，就會使口感和口味做更多變化，也可增加餅乾營養價值，如此就能延伸餅乾的豐富度。餅乾的製作比麵包和蛋糕來得簡易，在原物料及器材的準備也較簡單，失敗率不高，對烘焙初學者來說是很容易入門的選項。

烘焙的實作與基礎理論是學習過程非常重要的兩個環節，透過反覆的實作練習，不但能熟練製作技巧，還能掌握烘焙成功的條件，加上經驗和時間的累積，只要有心，一定能成為專業的烘焙職人。由於曾投入競爭激烈的烘焙市場擔任研發人員，市場需求的產品更新速度快，所以從商品研發到新品上市的時間相對被壓縮，必須在一定時程內上市，因此過程須精準設定配方比例進行試作、掌握麵團性質和產品品質，也紮實磨練了我對烘焙基礎理論的了解與實證。

這次投入大量心力完成的餅乾烘焙書，從認識原物料的特性開始，到餅乾配方結構及如何將副原料套進配方中，都將自身經驗分享給讀者，所以不論是從事烘焙工作或是對烘焙製作有興趣的讀者，都希望透過本書的內容能幫助啟發各位對於餅乾的製作能有更寬廣的新思維，並以科學的方式製作餅乾，創造屬於自己的配方及製品。

最後，感謝全國食材廣場提供拍攝場地，編輯張淳盈、攝影師王正毅、美術設計謝佳惠、高中同學李莉燕共同協助完成拍攝與後製工作，也感謝張為凱師傅在書中示範馬卡龍、桃酥……三十多道作品，讓食譜示範能更加豐富。

也希望我們這段時間的努力與分享，能幫助喜歡製作餅乾的朋友們，學會烤出好吃的餅乾、寫出自己的專屬配方！

點心研發達人｜林文中

熱愛烘焙的讀者們，您好：

首先，要感謝林文中，找了我一起參與這一本專業又無私分享多年研發經驗的餅乾烘焙書。踏入烘焙這一行，也已經 20 年了，剛開始很辛苦，從小學徒走到今天，成為可以獨當一面的點心主廚，也透過教學和許多喜愛烘焙的學生教學相長，一路走來，真的遇到很多不錯的師傅和貴人，在這裡，要再次感謝烘焙路上，所有曾與我共事的人。

早期學的餅乾，其實就是鐵盒子裡裝著的傳統式餅乾，從師傅的教導加上自己的經驗去變化，一開始與文中討論時，會懷疑他對餅乾的推論是否正確，但經過觀察後發現，只要他看過的餅乾配方，真的就能準確的説出餅乾麵團的軟硬度、適不適合擠花、切片，還是要用手搓揉成形，再者烤出來後，他也能預測餅乾口感是屬於酥、鬆、軟、脆還是硬。這得確需要長時間的研發、測試，才能得到這些知識和數據。因此，擁有這一本餅乾研究書的人，就像得到一把能夠打開潘朵拉盒子的鑰匙，可以吸收文中師傅累積的餅乾烘焙知識，讓你對餅乾的了解大增，甚至可以學會自訂配方，成為大師級的高手！

在業界多年，長期參加各種大大小小的烘焙比賽，藉此激勵自己創造新思維，看到日本業界比賽作品的精緻大方，也影響我很深，更激起我追求美味與美麗兼具的點心創作，這次在書中分享了許多自己拿手、廣受好評的餅乾配方，有懷舊的桃酥、新潮高雅的馬卡龍、簡單樸拙的美式餅乾等等，希望能傳承與延伸餅乾的各種可口風貌。

最後，要特別感謝編輯和攝影師沒日沒夜、不辭辛苦地完成這本書，也要謝謝全國食材廣場提供專業的場地協助拍攝，以及簡湘鈺小姐的居中協助，讓這本書更完美的呈現給讀者，希望每個讀者都能學以致用！

烤出美味的餅乾，再配上一杯唐寧紅茶，這就是最甜蜜的享受吧！

烘焙職人｜張寿凱

part

1

學 寫 自 己 的 配 方

從認識餅乾的材料開始，傳授你關於配方與口感的
關鍵結構比例，學會自己寫出專屬的美味食譜～

帶來「酥鬆」口感

有鹽奶油、無鹽奶油

有鹽奶油和無鹽奶油都是從牛奶中分離出的油脂製成，乳脂含量約在 85%，水分含量約在 15%，熔點約在 32℃，在餅乾的製作中是很常被使用的天然油脂。

有鹽奶油和無鹽奶油可相互取代，許多餅乾配方都會添加鹽來平衡餅乾的甜味，而有鹽奶油約含有 1.5%的鹽分，所以交互取代時，在鹽量的部分可做增減，不會有導致失敗的風險。

發酵奶油

發酵奶油乳脂量約為 82%，比有鹽和無鹽奶油的乳脂含量低，因為經過發酵，聞起來會有微微的酸味，所以製作出的餅乾奶香味較不強烈，很適合和水果口味的餅乾搭配運用。若以相同配方比較，使用乳脂肪越低的奶油，麵糊的擴展度和膨脹性會變大，所以烘烤後變形的程度也會略微變高。

無水奶油

無水奶油又稱脫水奶油、澄清奶油、純化奶油，乳脂含量約 99%以上，幾乎不含水分，烤

書中所使用的油脂以天然奶油為主，在餅乾配方中，油脂比例含量越高，奶油香氣也會越濃厚，製作出的餅乾口感會越「酥鬆」。以下除了天然奶油之外，也順帶介紹市售餅乾常使用的人造奶油特性，讀者可藉此認識不同油脂的特性，但建議既然是自己動手做的手工餅乾，最好使用天然的油脂為佳。

酥性好，常使用在中式酥皮點心製作，在餅乾製作也可使用，會比使用奶油的口感更為酥鬆，可直接等量取代奶油。

PS 經驗分享→有些酥鬆的餅乾因配方中其實不含水分只有油糖粉三種材料，所以不可用無水奶油取代全部奶油，大約只能取代 15%，若取代用量過高，製作出餅乾會太鬆軟、無組織感且過油。

人造奶油

人造奶油亦稱植物性奶油或瑪琪琳，這類油脂含有水分、香料及乳化劑，在打發度和乳化性會較天然奶油佳，所以若以相同配方，人造奶油所製作出之餅乾會較鬆，加上因為加入了乳化劑及可調整油脂的熔點，所以操作性佳。不同廠牌調配的油脂性狀和特性會不同，但一定比天然奶油安定，價格也比天然奶油便宜，所以常用在工業量產餅乾中，一般家庭製作的手工餅乾則不建議使用人造奶油。

白油

白油是油脂經過脫色、脫臭的氫化油脂，油脂熔點也可調整，與人造奶油相較，奶油香味會較低，適合製作外觀顏色較白及運用在較無奶油香或較輕爽的水果口味餅乾，但因油脂較無味道，所以必須添加香料或味道較明顯的原料來搭配，這類油脂在家庭烘焙中使用較少，常使用在工業量產的餅乾夾心餡料中。

人造酥油

酥油為人造的無水奶油，是在經過氫化加工的脫水白油中加入乳化劑、香料及色素製成，因穩定性高，被廣泛運用在烘焙業界產品，例如：桃酥餅乾或中式油皮及酥皮的製品中，可大幅提高酥鬆度，建議讀者自製手工餅乾時使用天然無水奶油即可。

糖

影響餅乾「脆度」

細砂糖

細砂糖之所以無色，是因為在製作過程中將甘蔗汁經由去除雜質、過濾、濃縮、脫色得到的精製糖。餅乾配方中砂糖含量越高，餅乾組織會越粗，且配方中也必須有足夠的液態原料來溶解糖，糖經過溶解後可增加餅乾上色程度，砂糖溶解得越徹底，組織就會越細緻，糖粒越粗，組織則越粗糙，所以單單在糖的操作選擇中，就可稍微控制餅乾的組織狀態。

糖粉

市售糖粉為了避免受潮而結塊，所以在糖粉中都會添加玉米粉，雖然和純糖粉會有些許差別，但在一般餅乾製作不會影響成敗，也可等量替換，純糖粉可在烘焙材料行購得。通常配方中若油脂比例較高，或者沒有使用液態原料，糖類選擇就建議使用糖粉來製作，餅乾的組織會較細緻，烤焙後的膨脹度也會較小。

二號砂糖

二號砂糖是外觀帶點黃色的結晶狀砂糖，性質和日本三溫糖相似，因含有糖蜜和礦物質，會

餅乾配方中，糖的含量越高，餅乾口感會越「脆硬」，麵團在烤焙後的膨脹性也會越大，而糖的比例提高，奶油的用量相對降低，奶香味也會隨之減弱。

帶有淡淡香氣和色澤，隨著含蜜的多寡也會影響砂糖本身的色澤與香氣，但一般在餅乾製作中較不及黑糖使用得普遍。若餅乾成品並不拘泥顏色的影響，可以二號砂糖取代細砂糖，可增加餅乾風味，因為精製程度不及細砂糖高，相對的甜度也較低。

黑糖

黑糖亦稱紅糖，因含有更多糖蜜和礦物質，所以糖的顏色更深，味道比二號砂糖更濃郁，但相對含糖量較低。由於色澤較深，所以建議可取配方中部份的白砂糖以等量方式改由黑糖取代，兩者混合使用，不但甜度會稍微降低，也能提升香氣與色澤的效果，但並不影響餅乾製作成敗。

海藻糖

海藻糖的甜度約為砂糖的 45%，是近年在烘焙界廣受歡迎的天然糖類，可有效降低餅乾甜度，烤焙後又不像砂糖容易使成品上色，所以很常運用在烘焙加工製品，在配方中可完全取代砂糖用量，也可抽取部份砂糖量，改以海藻糖等量取代，也不會影響餅乾製作成敗。

蜂蜜、楓糖漿

蜂蜜和楓糖漿這類糖漿雖屬於糖類的一種，但型態與特性上與固體糖類不同，如蜂蜜中含有豐富的膠質，所以添加入餅乾中會呈現韌及硬之口感，算是較特殊的糖類原料，建議使用量可從麵團總量的 2%開始添加，糖漿添加比例越高，餅乾質地會越硬，體積也會越小，若配方中油脂比例較低，若再增加糖漿之用量，餅乾就會越硬。

蜂蜜和楓糖漿有天然純蜜、天然楓糖漿或調合的蜂蜜與楓糖漿，烤焙時，天然糖漿香味並不及調合糖漿來得香，讀者可視情況選擇使用。

PS 聖誕節的薑餅屋則是一款例外的餅乾麵團，傳統的薑餅屋麵團不含油脂，使用大量糖漿製作，麵團紮實可直接操作成型，而且口感非常脆硬，不適合立即食用，通常是為了在過節前一段時間裝飾用，期間餅乾會吸收空氣中的濕氣而逐漸軟化，等到聖誕節就可以食用了。

粉

影響麵團「軟硬度」

低筋麵粉

低筋麵粉的蛋白質含量約在 6.5%左右，不同的廠牌麵粉的蛋白質含量會稍有差異，蛋白質含量越低，吸水量會越低。所以若依照相同配方比例操作，添加低筋麵粉的麵團會較軟，口感較為酥鬆；添加高筋麵粉的麵團則會較硬，口感相較之下也會比較硬。

PS 書中所使用的為聯華水手牌低筋麵粉，蛋白質含量約在 6.5%，吸水率約為 54%。

高筋麵粉

高筋麵粉的蛋白質含量應大於 12%，因吸水率較高，若製作餅乾時感覺麵團偏軟，或者想讓烤焙後的形狀更明顯，單純將低筋麵粉改為高筋麵粉是可以有些許改善，但若需要大幅度改變品質，則須直接調整配方比例。

PS 提供給讀者參考，書中所使用的為聯華水手牌高筋麵粉，蛋白質含量約在 12.5%，吸水率約為 61%。

全麥麵粉

越靠近麩皮的麥粒蛋白質含量會越高，相對

餅乾原料中使用最多的就是麵粉，依麵粉種類不同，吸水率也有所差異，連帶會影響麵團的軟硬度以及烘烤過後的餅乾口感。在餅乾配方中，麵粉的用量通常和油、糖的總量相當，粉量過多餅乾則不易烤熟，口感也會不佳，相對餅乾的外觀也較不具光澤感；若粉量過少餅乾形狀則不易維持。當然也有粉量較多的配方，但配方中會使用較高的糖量來增加餅乾口感，並以適當的液態原料來糊化澱粉，提升化口性，一樣可以做出口感不錯的餅乾。例如：P.107 的聖誕節造型餅乾即屬粉量偏高的配方，優點是攪拌完成的麵團不黏手，可以直接操作成型。

灰分也會越高，製作出的麵粉顏色就不會太白，而全麥麵粉是將整顆麥粒磨製成粉，所以相對蛋白質含量會比高筋麵粉高，吸水率也會較高。市售全麥麵粉多為將胚乳和麩皮分開磨製成粉，再以不同比例混合配粉而成，所以不同品牌的全麥麵粉品質也會有些許不同。

餅乾配方中的麵粉用量可部分等量取代或全部取代成全麥麵粉，但在粉量偏高、麵團較乾的配方則不建議將麵粉全部用全麥麵粉取代，麵團會太乾。

玉米粉

玉米粉的質地細緻，在餅乾配方中加入玉米粉可提升餅乾的酥鬆度，替換時約取配方中10%的麵粉量改以玉米粉替代，烤出來的餅乾口感會明顯變酥鬆；取代麵粉量越高，口感會越酥鬆。此外，由於玉米粉的顏色比較白，所以要製作顏色較白的餅乾體時，也可替換適量的玉米粉來製作。

餅乾四大基礎原料｜油、糖、粉、液態

液態

提升餅乾「化口性」

全蛋

全蛋水分含量約在 76%以下，常應用在餅乾配方中，因具有乳化效果，可有效增強打發性，增加餅乾酥鬆感。市售雞蛋去殼後的重量約在 55 ～ 60 公克，其中蛋黃約占 1/3，蛋白占 2/3，為求配方精準度，書中材料重皆取去殼後的蛋液重。除使用全蛋，也會分開蛋白和蛋黃應用，三者在配方中各具有不同的特性和效果。

蛋白

蛋白的水分含量約在 89%以下，由於蛋白無色且無特殊氣味，如果要製作淺色餅乾或想保持食材本身的顏色很適合使用蛋白，例如：抹茶類餅乾添加蛋白或蛋黃，烤出來就有顏色上的差異；味道較清爽的水果類餅乾亦可使用蛋白，一來可凸顯食材本身風味，二來不易被蛋黃味影響。蛋白中的成份為蛋白質且不含油脂，在相同配方條件下與全蛋相比，完全用蛋白製作的餅乾口感較為脆硬。若將蛋白打發則可製作打發類的馬卡龍或達克瓦茲類餅乾。

餅乾的基礎原料其實也可以省略液態原料，但因為液態原料在配方中有融解糖的作用，還可以糊化澱粉類原料，使餅乾的化口性更佳，同時將所有材料結合在一起，讓烤出來的餅乾組織不易掉屑，也能提高餅乾在烤焙的上色度，所以配方中通常還是會加入液態原料。

此外，高油脂配方中如果沒有添加液態原料，烤焙完成包裝後如經碰撞，包裝袋容易沾上油漬，且掉落小餅乾屑，但是如果在配方中添加一點液態原料，餅乾組織就會有明顯差異。然而液態原物料種類多，所以要注意成份及油脂含量，並利用成份的不同來控制餅乾的口感。

蛋黃

蛋黃的水分含量約在 57%以下，脂肪含量約為 28 ～ 30%，其中的卵磷脂具有乳化效果，也因蛋黃含有油脂，所以加入餅乾中可以增加酥鬆度，也能增加餅乾的色澤和香氣，若想讓餅乾口感比較酥，就可以增加蛋黃用量。另外，在打發類的製品中，以牛粒來說，使用的蛋黃比例就比馬卡龍和達克瓦茲高，所以口感會較綿密濕潤。

牛奶

全脂牛奶脂肪含量在 3.0 ～ 3.8 之間，因乳化效果不佳，所以常會使用在粉油拌合法中，在最後加入牛奶，攪拌讓麵團成形。一般烘焙時使用的牛奶皆為全脂牛奶，因為低脂牛奶其實脂肪量相差不大，在製作餅乾上不會有太大差異。

鮮奶油

鮮奶油的乳脂含量約在 35%左右，通常會添加乳化劑或膠體，以增加鮮奶油的安定性，所以加入配方中時，相對的乳化效果會比較好，也因乳脂含量較高，會讓餅乾的口感比較酥鬆。而鮮奶油分為動物性鮮奶油及植物性鮮奶油兩種，動物性鮮奶油是以鮮奶將乳脂肪分離出來，以乳脂肪為主原料所製作出乳脂含量較高的鮮乳脂，所以顏色會偏黃，通常不含糖分，打發所需時間較短，但打發後的穩定性不高。

植物性鮮奶油是以液態植物油為主原料，將植物油氫化，增加油脂之硬度，通常含有糖分，再添加乳化劑及安定劑增加油品打發後之穩定性，所以常被運用在鮮奶油蛋糕裝飾，但餅乾製作不需打發，還是選擇較天然動物性鮮奶油添加較佳。

水、果汁、酒

配方中若將液態原料換成水、果汁或酒，還是可做出餅乾。水無味且無乳化效果，質地特性與牛奶較接近，所以通常會選擇添加牛奶，除非為降低成本才會加水。果汁可製作水果口味餅乾，增加風味和酸度，但只添加果汁的餅乾風味並不明顯，還是必須搭配果汁粉或新鮮果皮才能凸顯風味，因此口味易被侷限，無法被廣泛運用。酒的風味較強烈，所以只需取部份液態等量換成酒就能達到效果，建議從液態原料的 10%開始取代。

副原料

改變餅乾「風味&口感」

可可粉、抹茶粉、咖啡粉

可可粉、抹茶粉及咖啡粉是餅乾最常見的副原料，因為它和麵粉的替代規則很簡單。

以巧克力餅乾來說，可可粉的使用量約為麵團總量之 5%～ 10%左右，所以若麵團重量為 100g 時，可加入 5g ～ 10g 的可可粉，並直接以可可粉取代等量的麵粉用量，要替換的多寡當然沒有一定標準，但建議控制在 10%以內，不過要注意可可粉的吸水性是三者間最高的，也比麵粉高，所以隨著可可粉用量增加，會明顯感受到麵團越乾硬。

抹茶粉和咖啡粉因原物料品質差異大，有分天然和加工兩種，例如：用咖啡豆現磨的咖啡粉、市售罐裝加工咖啡粉及烘焙專用咖啡粉就有很大的風味差異，有些咖啡粉極苦，粉末顏色也有很大不同，所以建議從麵團總重的 3%開始添加。

各式天然風味粉

市面上其實有許多天然風味粉可以使用，讀者可以多方嘗試，例如：蔬菜類的菠菜粉、南瓜粉、芋頭粉及牛蒡粉等；水果類的草莓粉、覆

餅乾除了四大基礎原料之外，可以透過各種風味粉或堅果醬等，從餅乾基本配方架構中抽換比例或者直接加入麵團中拌勻，即能得到截然不同的餅乾口味，讀者們可以善加運用這些原物料，多多練習實作，就可以對餅乾的原料組合與口感展現的了解越來越上手。

盆子粉、蔓越莓粉、檸檬粉及柚子粉等；還有墨魚粉或海苔粉等，這類原料的用量邏輯和可可粉相同，除了要選擇天然製品之外，最好選擇味道重一點的原料，烤出來的餅乾風味效果會比較明顯。許多餅乾食譜中也會使用自己打的南瓜泥、菠菜泥，這其實也是一種改變餅乾風味的方法，但是自製果泥或蔬菜泥含水量較高，且水分含量控制不易，若要添加至味道能夠完全被凸顯的狀態，添加量就必須提高，問題在於餅乾配方的平衡會變困難，容易導致失敗風險，所以還是建議使用天然乾燥的果汁粉及蔬果粉比較好掌控。

各種堅果粉

只要是堅果都可以磨成粉來和餅乾麵團結合，以常用的杏仁粉和榛果粉來說，杏仁粉的油脂含量接近 50%、榛果粉的油脂含量約 62%，加入餅乾當中會使餅乾口感變酥鬆，也會增加堅果香氣。以糖＋油＝麵粉量的配方來說，再額外添加麵粉總量 20%的杏仁粉是安全的；「糖＋油＜麵粉量」時，添加量要降低些；「糖＋油＞麵粉量」時，添加量則可提高。

杏仁粉和榛果粉油脂含量高，吸水性不強，額外添加並不會使麵團有太大的軟硬度變化，但隨著杏仁粉和榛果粉用量增加，會讓餅乾烤焙後越能維持住原來的形狀，所以除了使用堅果粉來增加餅乾香氣外，也可利用它來控制烤焙後餅乾變形的程度，不過一但添加的量超過麵粉量的50%之後，餅乾的化口性就會開始變差。

帕馬森乳酪粉

帕馬森乳酪粉脂肪含量約在 30 多%左右，通常在製作鹹口味餅乾會添加，用量邏輯大致和杏仁粉和榛果粉相同。

花生粉、黃豆粉

市售花生粉和黃豆粉一般是花生和黃豆經過榨油後，將剩餘產物二次利用磨製成粉而成，所以相對油脂含量會比較低，花生粉的油脂含量約在 23%左右，黃豆粉的油脂含量約 17%左右。

在本篇章闡述的各項餅乾原料添加量，是作者累積多年烘焙經驗中所認為較安全且不易失敗的用量建議，其實餅乾的配方材料組合和材料的使用比例並沒有絕對的標準對錯，只要做出來的成品是自己滿意的，那麼該道配方就能成立。

花生醬、榛果醬、芝麻醬、軟質巧克力醬

市售堅果類抹醬和風味醬可以加入麵團增加餅乾口味變化，一般市售花生醬和芝麻醬的油脂含量約 50%、榛果醬的油脂含量約 60%，建議添加方式可取出油脂用量的 20%，增添 30%的花生醬或榛果醬，就是加入取代油脂量 1.5 倍（例如：原本 100g 的奶油→ 80g 的奶油＋ 30g 的花生醬或榛果醬），同時在粉類材料內搭配花生粉和榛果粉，就能呈現出明顯的風味效果。

其它像這類油脂較高的風味醬還有軟質巧克力（依廠牌不同脂肪含量約從 20 多%～ 40 多%），使用方式大致相同，若想要做出更濃郁風味可試著將用量提高，抓出自己喜歡的配方比例。

黑、白巧克力磚

巧克力磚這類原料適合隔水加熱煮融添加在油比糖多的酥鬆類餅乾中，例如：油：糖＝ 2：1 或油：糖＝ 3：1 的配方中，建議添加方式可取代 25%左右之油脂用量（例如：原本 100g 的奶油→ 75g 的奶油＋ 25g 的巧克力磚），若使用量再增加，麵團性狀的改變就會越大，麵團硬度也會愈硬，所以建議從取代油脂 25%的量開始試作，而添加巧克力不但能夠增加化口性和酥鬆度，還能增加巧克力風味，但市面上調溫巧克力的可可脂含量各有不同，所以在製作時必須留意可可脂含量。

PLUS

調溫巧克力取代油脂配方示範（以取代25%為例）

原料	原配方使用量	取代後配方使用量
油脂	70	52.5
糖類	30	30
液體類	12	12
粉類	100	100
調溫巧克力	0	17.5
總合	212	212

堅果粒、果乾

核桃、夏威夷豆、黑白芝麻、榛果粒、杏仁、花生仁及腰果等，都是餅乾麵團常加入的堅果種類，果乾以葡萄乾，藍莓乾、蔓越莓乾較常被使用，堅果粒及果乾其實不太會在配方中起作用而影響麵團本身口感，每種堅果及果乾的口感都不同，添加比例可隨自己喜好做調整，但用量也不可以過多，否則果粒會阻斷麵團間的連結，容易造成烤好的餅乾破碎。

使用果乾須注意果乾糖度，例如：葡萄乾的糖度較高，添加入麵團中經過烤焙脫水後，容易產生烤焦的苦味，使用前可先以酒或水浸泡，就能避免易焦困擾；而蔓越莓乾則可直接加入烤焙並不易產生焦苦之情形。因此添加果乾必須注意烤焙後之味道及口感，還有果粒的含糖量，糖量越高水分越低則要預先以酒或水浸泡備用。

比例 決定餅乾「脆、硬、鬆、酥」

液態原料添加量建議

糖油同量配方中，液態原料的用量大約為總麵團重量的 8%左右，隨著油脂比例越高，液態原料可減少；反之，若糖類比例越高，液態原料相對可增加，以下條列出幾組油糖比例不同時，液態原料的添加用量建議。

油：糖＝ 4：1 時→液態原料可不加。
油：糖＝ 3：1 時→液態原料添加範圍可從 0%至 5%。
油：糖＝ 2：1 時→液態原料添加範圍約在 0%～ 6%左右。
油：糖＝ 1：1 時→液態原料添加範圍約在 8%左右。
油：糖＝ 1：2 時→液態原料添加範圍約在 8%～ 10%左右。
油：糖＝ 1：3 時→液態原料添加範圍約在 10%左右。

※ 隨著液態材料增加，麵糊的擴展性和上色度也會增大。

要組成一個餅乾配方最基本的四個原物料就是油、糖、粉及液態原料，而如何利用這四大基礎原物料制定出餅乾的配方呢？以下依照個人經驗和讀者分享幾項原則，只要掌握幾個大方向，就可以減少失誤率，開發出好吃的餅乾配方。隨著油糖比例的不同，粉類的用量也必須調整，再搭配液態原料的使用建議量，就可依油糖比例的不同統整出下列三大配方結構：

油、糖及麵粉的比例建議

油脂＋糖類的用量總合，應該和粉類的用量比為 1：0.7 ～ 1.4 之間（不包含堅果粉類），可依照糖油比的不同調整粉量，在比例範圍製作出的餅乾口感基本上都不會太差，當然也可不在這範圍之內，但隨麵粉比例越高，餅乾化口性也會越來越差，同時越不易烘烤熟透，而粉量越低餅乾則不易維持外觀形狀。

一、油比糖多的酥鬆餅乾

油脂比例越高，液態原料用量相對較少，油＋糖總量與麵粉用量比以 1：1 為主。

材料	油：糖 =2：1	油：糖 =3：1	油：糖 =4：1
油脂	31.25±	37.5±	40 −
糖類	15.75±	12.5±	10 ＋
液態	6±（0%至 6%）	0 ＋	0 ＋
粉類	47±	50 −	50 −
總和（g）	100	100	100

※ 材料重量皆以公克計。　※ ＋符號代表可再增加其用量，± 符號代表可斟酌加量或減量。

Point

油脂使用量越多，呈現口感越酥。在油：糖 =3：1 或油：糖 =4：1 的配方結構下，因液態原料用量偏少，若麵粉比例超過糖油用量，容易造成麵粉被糊化不足，出現粉粉不化口的口感，所以油脂＋糖類的用量總合，應該和粉類的用量比以 1：1 為基礎去變化配方，麵粉比例不宜超過 1，但可減少麵粉用量增加堅果粉用量製作出差異性之口感，塑形方式以手製搓圓或擠出成型為主，因油量過高，不適宜製作冰箱小西餅，冷藏後麵團硬度高，切出的切口也會有粉碎剝離的情況。

而油：糖 =2：1 的配方結構中，雖然液態量增加，麵粉增加比例還是不要超出太多，盡量以增加堅果粉用量為佳，而隨著粉類減少，餅乾形狀維持較不易，可帶模烘烤或烤出較扁平的餅乾體，在塑形方式以擠型餅乾、冷藏擀開壓模或冰箱小西餅較為合適。

二、油糖同量的酥脆餅乾

隨著糖量提高至與油量相當，液料也必須增加，而粉類的用量範圍則可更大，在油糖相當的配方結構下，油脂＋糖類的用量總合與粉類的用量比可至 1：0.6 至 1.4。

材料	油：糖 =1：1
油脂	23±
糖類	23±
液態類	8±
粉類	46±
總合	100

※ 材料重量皆以公克計。
※ ＋符號代表可再增加其用量，± 符號代表可斟酌加量或減量。

Point

隨糖量提高，餅乾的口感會越來越酥脆，若要製作經烤焙後較不易變形的成品，粉類的用量比就可高於 1，若想要餅乾烤焙後有擴展度及表面出現裂痕，粉類的用量比就可低於 1，但若麵粉用量比例要下修至 0.8 以下，則必須搭配堅果粉、燕麥片或穀粒，烤焙後麵糊才不至於會攤平變成薄餅。除了在麵粉的用量範圍變廣外，塑形方式也更多元，適合擠型餅乾、冰箱小西餅、直接擀開壓模、冷藏擀開壓模，手製塑形等方式。

三、油比糖少

當糖類比例越高，粉類用量相對較少。

材料	油：糖 =1：2	油：糖 =1：3
油脂	15±	11.25 ＋
糖類	30±	33.75 －
液態類	10±	10±
粉類	45 －	45 －
總合	100	100

※ 材料重量皆以公克計。
※ ＋符號代表可再增加其用量，± 符號代表可斟酌加量或減量。

Point

當糖用量超過油脂的兩倍之後，製作出餅乾的口感會越硬，所以配方中會搭配大量堅果粉、堅果粒或麥粒，來平衡過硬之口感，麵團經烤焙後擴展度會變大，而隨著糖類比例增加，麵團的性狀也會越來越硬，所以在油糖比為 1：2 或 1：3 的配方結構下則必須減少粉類用量。

建議油脂＋糖類的用量總合與粉類的用量比應以 1：0.8 以下較佳，當粉類比超過 1 時，麵團不但會太硬之外，也不易烤熟，失敗風險會較高。因麵團性狀較不黏手，可冷藏後以手搓圓壓平塑形，而對於麵粉添加量較低或液態添加用量較多時，麵糊會較軟，也可使用平口圓花嘴直接擠型。

實際百分比 烘焙百分比 & 學會看懂

烘焙製作中會使用的配方運算模式有烘焙百分比和實際百分比，相同的配方不論以哪種百分比呈現，實際用量的比例都是會相同的。要製作出品質穩定的製品，配方比例換算的正確性很重要，若要以科學的方式做烘焙配方計算，或做配方比對和分析，則需固定配方中的某一個數值，如此就能清楚掌握配方測試的差異性。只要有其中一種數據，就能換算成所需使用的原料實際用量，所以讀者一定要掌握烘焙百分比、實際百分比與實際用量三者彼此互換的計算方式。

以下以椰子巧克力馬蹄酥的配方來舉例說明，實際用量、烘焙百分比、實際百分比，三者的差異：

材料	A 實際用量（g）	B 烘焙百分比（%）	C 實際百分比（%）
有鹽奶油	140	90.32	27.18%
細砂糖	85	54.84	16.50%
全蛋液	35	22.58	6.80%
低筋麵粉	155	100.00	30.10%
椰子粉	70	45.16	13.59%
巧克力豆	30	19.35	5.83%
總合	515	332.25	100.00%
說明	產品製作所需的實際配方重量。	將麵粉設定為 100，再換算其它原料佔比，總合大於 100。 ◆烘焙百分比＝（原料實際用量 ÷ 麵粉重量）×100。 計算示範 有鹽奶油烘焙百分比＝（140÷155）×100 ＝ 90.32 其他材料烘焙百分比以此類推。	將產品重量總合設定為 100，再換算其它原料佔比，總合等於 100。 ◆實際百分比＝（原料重量 ÷ 實際用量總合）×100。 計算示範 有鹽奶油實際百分比＝（140÷515）×100 ＝ 27.18 其他材料烘焙百分比以此類推。

A 實際用量

通常在烘焙製作前，可依設備或想製作的成品數量規劃換算配方使用量，得到可做出所需成品數量的麵團重量總合，而麵團在攪拌、塑形及烤焙的過程其實都會有些許損耗（烘焙耗損率＝ 1 －烘烤後實重總合 ÷ 配方實際用量重量總合），若是家庭手工烘焙亦可省略這點，且一般餅乾麵團的耗損率很低，影響不大。

B 烘焙百分比

烘焙百分比是將最常使用及用量最多的麵粉固定設定為 100，所以總合一定會超過 100，是目前烘焙檢定會被要求使用的一種配方運算方式，可以快速的換算、增減材料的用量，在烘焙製作時是很方便的配方列表，也幫助製作者迅速明白材料間的比例，預測成品的口感和特性。除此之外，烘焙百分比也可通用於世界各國的衡量單位，無論公克、磅或兩等，都可透過烘焙百分比換算出正確的原料重量。

從烘焙百分比中可看出配方中每一種原物料與麵粉的對應關係，例如：在餅乾配方中，油類、糖類及麵粉的對應關係，就直接影響餅乾的口感，所以當麵粉數值固定，就可輕易辨識與它與糖油總量的比例，進而判斷餅乾質地與口感。

C 實際百分比

實際百分比能清楚了解配方中每一項原物料與總合的比例關係，例如：液態原料在餅乾製作中應添加麵團總量的多少百分比，或如可可粉應添加麵團總量多少百分比才能使餅乾具有巧克力風味，這都是以麵團總量去決定添加之比例，而在烘焙製作中每一項原物料之性質功能皆異，所以使用實際百分比就能更有邏輯性的去記住配方中每一項原物料適當的添加比例。

Tips 烘焙計算公式

❶已知實際百分比，求烘焙百分比

烘焙百分比＝原料實際百分比 ×（100÷ 麵粉實際百分比）

❷已知烘焙百分比，求實際百分比

實際百分比＝原料烘焙百分比 ×（100÷ 烘焙百分比總合）

❸利用烘焙百分比，依所需烤焙數量計算配方各原料用量

例如：想用某餅乾麵團烤出每片重 20 公克餅乾 ×20 片，烘焙耗損率假設為 3%。

Step1 成品總重量（20×20）÷ 烘焙耗損率 (1-0.03）＝ 412.37 ←所需配方所需重量總合

Step2 配方重量總合（412.37）÷ 烘焙百分比總合（332.26）＝ 1.24 ←取得換算倍數

Step3 各項原料所需用量＝各項原料烘焙百分比 × 換算倍數以麵粉為例，麵粉所需用量＝90.32×1.24=112，以此類推可得其它材料用量。

❹利用實際百分比，依所需烤焙數量計算配方各原料用量

例如：想用某餅乾麵團烤出每片重 20 公克餅乾 ×20 片，烘焙耗損率假設為 3%。

Step1 成品總重量（20×20）÷ 烘焙耗損率 (1-0.03）＝ 412.37 ←所需配方所需重量總合

Step2 各項原料所需用量＝配方重量總合 × 實際百分比以麵粉為例，麵粉所需用量＝412.37×27.18% =112，以此類推可得其它材料用量。

PS 家庭手工烘焙可省略耗損率計量。此計算公式適用於其他西點與麵包製作。

實驗室A 餅乾配方

看了前面所介紹的材料特性、配方架構和口感特色，這裡進一步以三種對照組來讓讀者更進一步瞭解材料間的相互影響狀態，也説明不同配方狀態下適合的塑形方式和可套用的餅乾類型，希望幫助讀者加深對材料的配比運用。

麵粉、蛋量固定，變動油糖比例

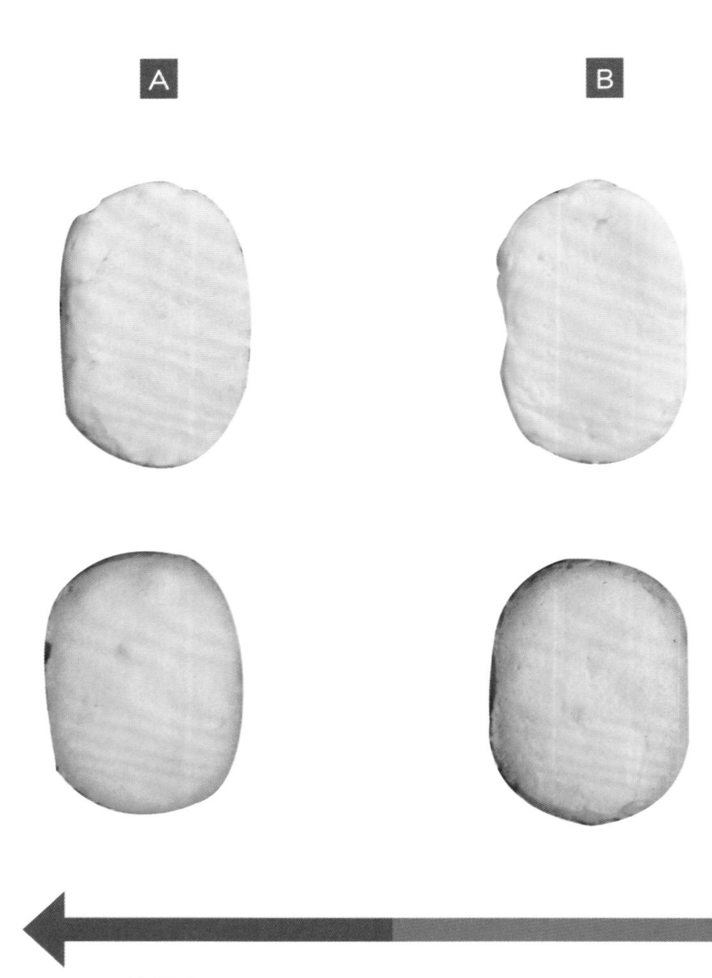

油糖比例	油量多
麵團狀態	較濕會黏手
冷藏硬度	較硬
塑形方式	擠花袋擠花
餅乾口感	酥鬆
麵團風味	奶香味重
烤後狀態	膨脹係數小

材料／組別	A	B	C	D	E
有鹽奶油	150	125	100	75	50
糖粉	50	75	100	125	150
全蛋液	40	40	40	40	40
低筋麵粉	200	200	200	200	200
合計 (g)	440	440	440	440	440

Point

這組餅乾配方固定了蛋和粉的用量，去變動油和糖的比例，可看出油與糖在餅乾中的影響差異，油量多麵團會比較黏手，冰過也比較硬，相對影響其塑形方式和口感。

餅乾中油量若多，奶香味較重，很適合搭配香草、抹茶、巧克力、焦糖、咖啡，杏仁、榛果、花生、椰子、黑糖或者鹹口味餅乾，因為口感酥鬆，也適合搭脆脆的堅果，如夏威夷豆或杏仁。糖量多的餅乾油量相對少，奶香味相對比較淡，風味較清爽，很適合搭配水果柑橘類，當然也適合咖啡、抹茶及巧克力等口味，因餅體口感較硬，比較適合加入比較軟一點的堅果，如燕麥或松子。

C

D

E

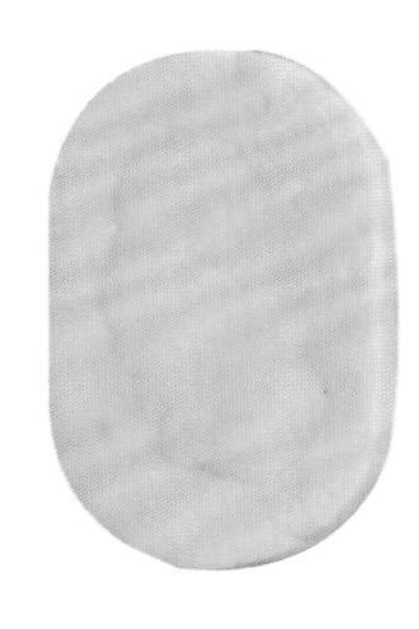

油糖同量

擠出成型、壓模，冷藏切片

糖量多

較乾不黏手

較軟

手製成型

脆硬

奶香味淡

膨脹係數大，表面會裂

餅乾配方 實驗室 B

奶油、糖、蛋量固定，變動麵粉比例

材料／組別	A	B	C	D	E
有鹽奶油	100	100	100	100	100
糖粉	100	100	100	100	100
全蛋液	40	40	40	40	40
低筋麵粉	100	150	200	250	300
合計	340	390	440	490	540

A

B

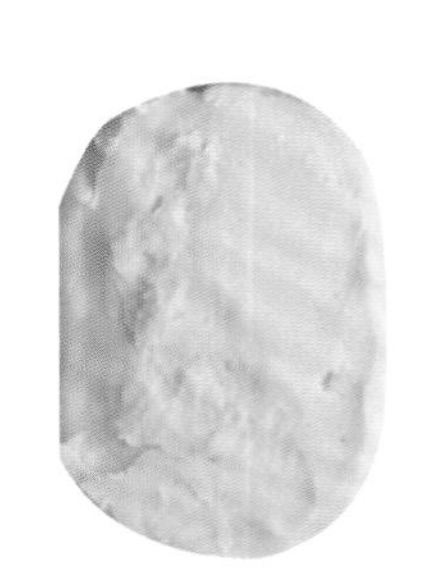

	A	B
麵粉比例	麵粉少	
麵團狀態	非常黏手	黏手
冷藏硬度	較硬	
塑形方式	抹成薄片	擠出成型
餅乾口感	極化口	化口
麵團風味	擴展性大	
烤焙時間	易烤熟	
上色度	易上色	
光澤度	有光澤	

Point

麵粉的比例越高，相對配方中油和糖的比例就會越低，所以油脂的酥鬆性及糖的擴展度、膨脹度及上色程度之效果就會越來越小，餅乾口感就會變硬，質地也會越紮實，烤焙的時間也會延長，越不易烤熟。而通常在餅乾的塑形過程，為了防止麵團黏手，會使用手粉，如果再加上塑形時間增長，手粉的使用量會增多，而在操作的過程，手粉也會漸漸變成麵團的一部份，進而影響餅乾之口感，所以塑形過程盡量先將麵團冷藏增加硬度再操作，則可不必使用手粉。

增加麵團硬度除了增加麵粉的使用量之外，還可提高糖的用量或減少液態的使用量來增加麵團硬度，增加麵粉後化口性勢必較差，而提高糖量及減少液態用量則對化口性影響較低，所以可以這三種不同方式或同時調整來改變麵團之軟硬度。

麵粉的用量多寡除了可以對應餅乾口感外，還可對應出烤焙的溫度和時間之設定，麵粉用量越少，上色速度快且易熟，所以可降低溫度或烤焙時間，所以 E 組的烤焙時間或烤焙溫度之設定會比 A 組來的時間長或溫度高。

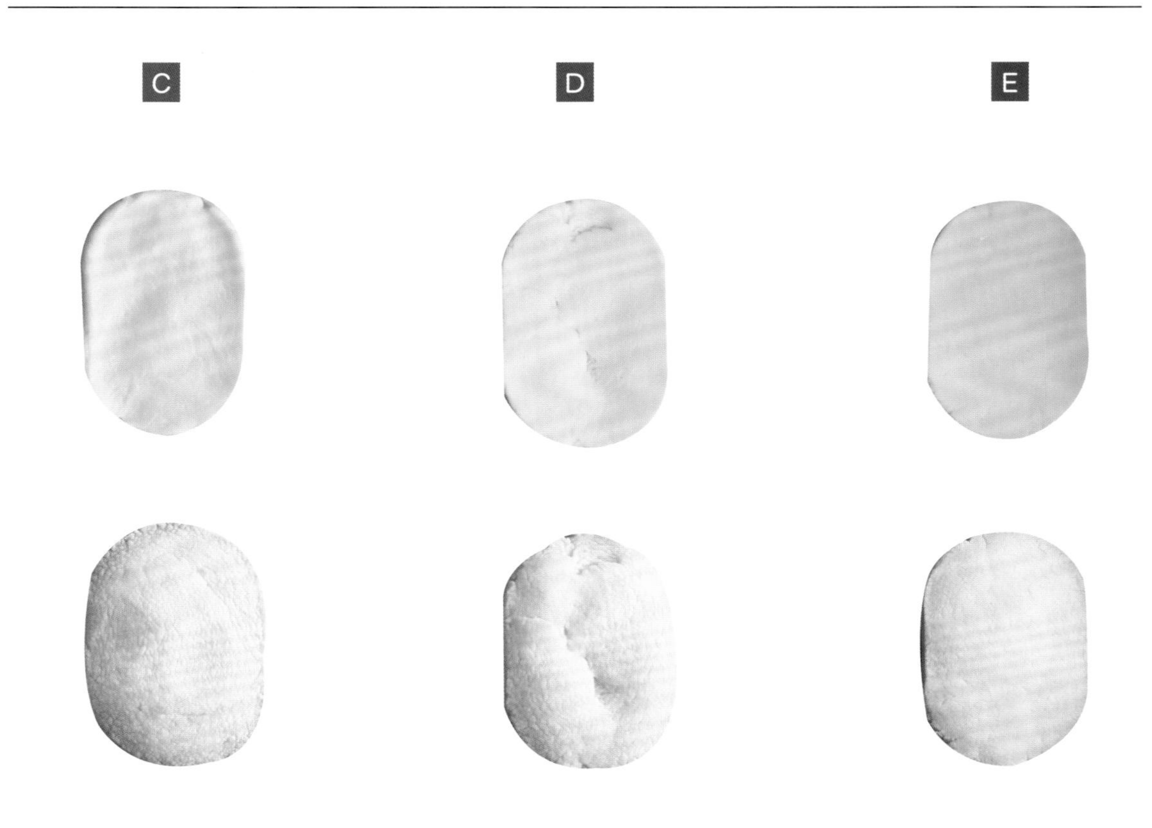

C	D	E
		麵粉多
普通	較乾	較乾不黏手
		較軟
擠出成型	冷藏切片或壓模	手製成型
酥脆	微脆硬	脆硬
		膨脹係數大，表面會裂
		不易烤熟
		不易上色
		無光澤

實驗室 C 餅乾配方

奶油、糖粉、粉量固定，變動蛋量比例

材料／組別	A	B	C	D	E
有鹽奶油	100	100	100	100	100
糖粉	100	100	100	100	100
全蛋液	0	20	40	70	100
低筋麵粉	200	200	200	200	200
合計	400	420	440	470	500

A

B

蛋量比例	蛋少
麵團狀態	較不黏手
冷藏硬度	較硬
塑形方式	手製成型
餅乾口感	化口性不佳
烤後狀態	膨脹度大，表面會裂
上色度	不易上色

Point

配方中蛋液量的增加除了會讓麵團硬度變軟、麵糊烤焙後的擴展度增加、餅乾表面變光滑細緻外，糖粉也溶解在蛋液中，同時增加餅乾烤焙的上色度。而液態原料有糊化澱粉增加化口性的功能，所以 E 組的化口性會比 A 組佳，而 A 組配方因油糖同量且無加液態原料，所以化口性極差。

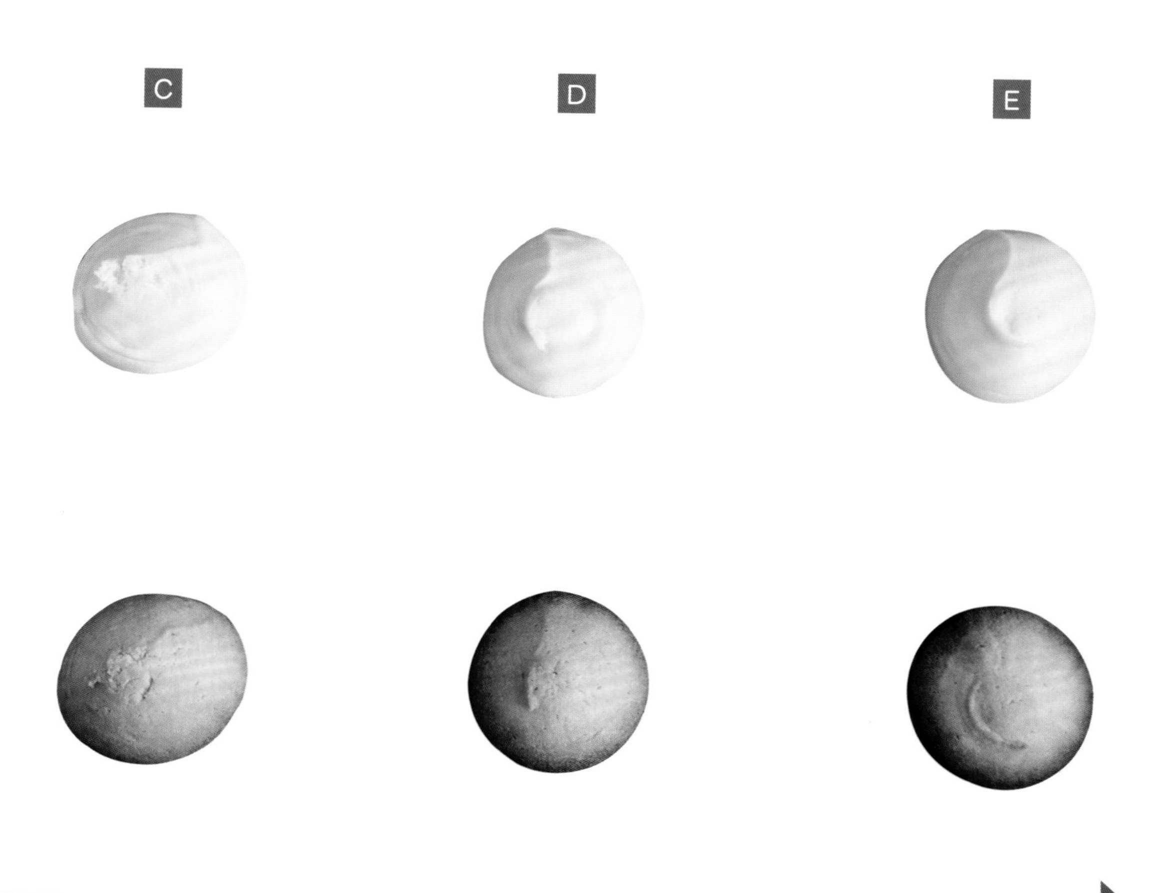

C	D	E
		蛋多
		非常黏手
		較軟
擠出成型，冷藏切片或壓模	擠出成型	擠出成型
酥脆		
		化口性佳
		擴展度大，烤完厚度較薄
		易上色

part 2

影 響 口 感 的 變 數

除了可口的配方，你還要學會正確的烘焙製作流程，從秤料→攪拌麵團→塑形→烘烤，每一個關卡都有訣竅喔～

烘焙器具 善用基礎

製作餅乾所需的器具很單純，如果沒有特殊造型需求，其實只需要購買磅秤、烤箱、打蛋器，其他的器具都可以用家中現有的器材取代，當然，專用的烘焙器具還是有它的方便性，以下就介紹基礎的器具與用途。

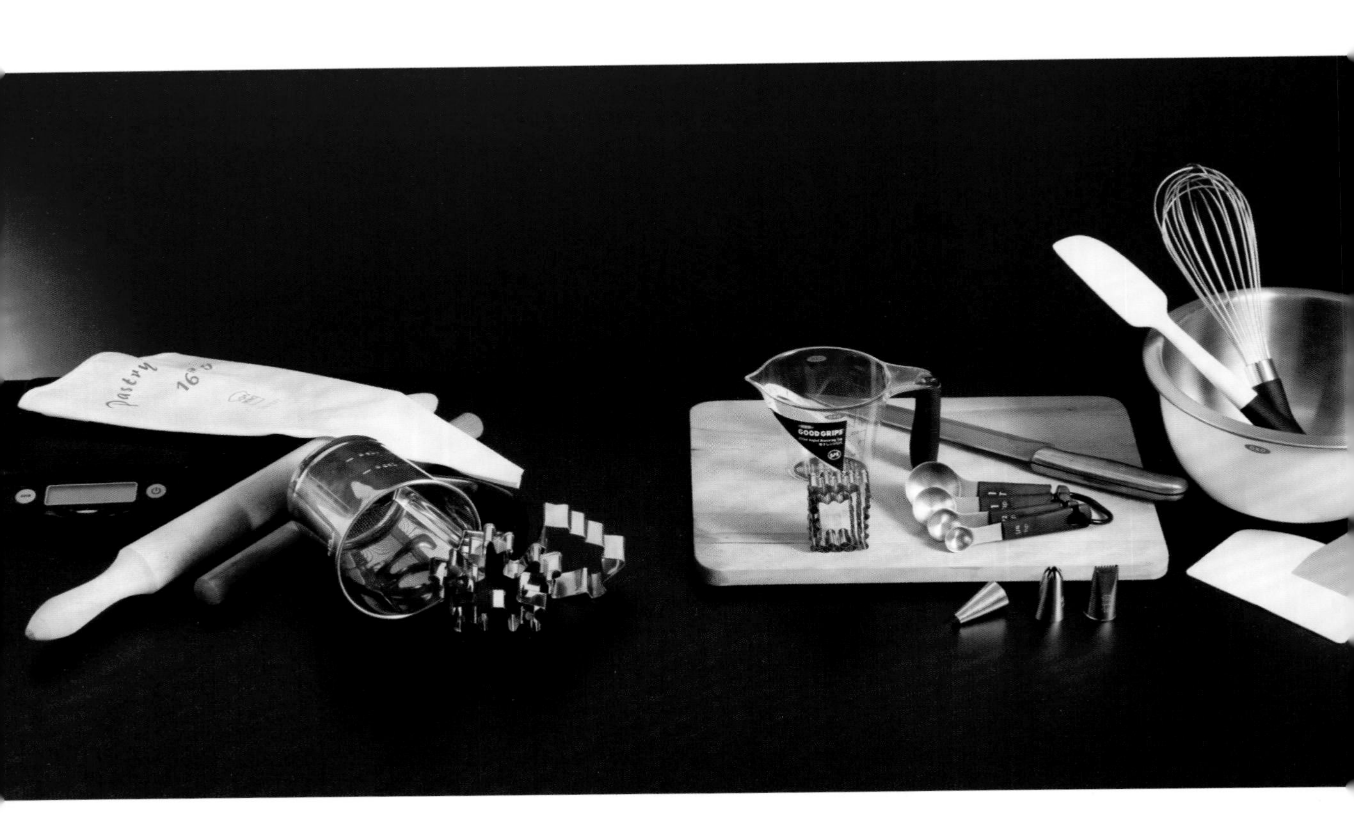

電子磅秤

西點烘焙講究配方精準度，電子磅秤可秤取較準確的材料份量，購買時可注意秤重範圍和最小測量單位。

擠花袋

有拋棄式與重複使用的選擇，使用時也可以搭配花嘴擠出造型。

花嘴

花嘴的造型和大小種類眾多，餅乾烘焙只要選購基本款式就很夠用了。

桿麵棍

擀壓麵團時使用，用完要清洗乾淨，確保在乾燥的地方曬乾，否則很容易發霉。

麵粉過篩器

有杯型或者一般傳統篩網，購買時可確認網目粗細，依預算高底選購即可，使用時要注意清潔與乾燥。

餅乾模

可以快速壓出造型餅乾，如果模具突出的造型邊角越多，烘烤時邊角容易先焦，烤焙時要特別注意。

刀與砧板

切餅乾時使用，如果沒有烘焙專用的，最好使用家中切水果的砧板會比較好。

量杯

秤取液態材料時可使用，量杯壺口可方便液態材料倒入盆中的操作。

量匙

秤取少量粉類或液態材料時可使用。

打蛋器

用來打發蛋液時使用，材料量大時，建議購買電動打蛋器，比較省力省時，但要注意電動打蛋器一開始打勻材料時要使用低速，避免噴濺出盆中的材料。

橡皮刮刀

建議選購軟硬度合宜的刮刀，在操作麵團時可利用具彈性的刮刀把盆緣材料刮乾淨，選購時可以一體成形的橡皮刮刀為首選，較不易藏汙納垢。

刮板

有硬刮板和軟刮板之分，硬刮板為直邊角，方便切割麵團或刮拌較硬的麵團；軟刮板為圓弧型，可以把材料輕鬆的從攪拌盆中刮取乾淨，在拌較水或輕揉的麵糊時也很好用。

攪拌盆

挑選時以底部為圓弧型的為佳，在拌勻材料時比較不會在邊角殘留沒拌勻的材料，刮取時也比較容易刮乾淨，不會造成耗損。

餅乾的攪拌方式

A 油糖拌合法

適用餅乾類型

適用一般糖油含量較高的餅乾製作，也是最常運用的攪拌法，如：擠型的奶酥餅乾，冰箱小西餅等等都適用。

攪拌法的特性

油糖拌合法的油和糖會經過打發將空氣拌入，再加入蛋或其它液態材料攪拌進而溶解砂糖，所以製作出的餅乾口感會比沒有經過打發的麵團更酥鬆，組織也會較為細緻，尤其在製作擠型餅乾時，經過打發這個動作會使攪拌完成的麵團較軟，方便擠出操作。

在砂糖和油打發的過程中，砂糖的溶解度越高，餅乾組織會越細，若砂糖顆粒越粗，成品組織會越粗，所以在這個打發動作是可些微控制餅乾的組織的。

材料添加順序

油＋糖→蛋（或其它液態材料）→麵粉

1 奶油放在室溫下軟化，先把奶油稍微拌軟，打出來才會均勻滑順。

書中使用的奶油若無特別標示為冰的或者融化的奶油，皆是使用室溫下軟化的奶油，因為在 28℃左右的奶油打發性和操作性較佳，可減少攪拌時間，並可快速地與糖和液態結合。

2 在軟化奶油中加入糖，以打蛋器打發至奶油微發白。

油脂量高或液態原料使用比例較低的配方，由於水分含量少，溶解砂糖的效果較差，比較適合選用糖粉；而液態原料比例高的配方水分含量高，所以選用砂糖或糖粉皆宜。

3 將蛋液或其它液態材料分次加入攪拌，至完全吸收乳化。如無液態材料可省略此步驟。

油和液態材料如果完全乳化，可明顯感覺麵糊質地會變硬且均勻，而不是水水的狀態，分次加入液態材料可以避免油水分離，也可快速且有效地完成乳化。

4 加入麵粉，改以橡皮刮刀拌勻，過程中切記不要大力或者一直同方向攪拌，否則會造成已加入水的麵粉有出筋的情形，而使成品口感不佳。

若想加入堅果或巧克力豆等不影響麵團的副材料，可在粉類稍微拌勻時加入。加入麵粉拌勻時，不需要攪拌至非常均勻的狀態，還可留有些微的麵粉粉末，因為麵團還需經過整形或經過擠出成型，這些過程都等於二次攪拌麵團，所以為了不會造成麵團攪拌過度使餅乾口感變硬，建議不需攪拌至非常均勻的狀態。

5 將麵團稍微整平，以塑膠袋包覆避免表面乾燥，放進冰箱冷藏，經過冷藏的麵團狀態會變硬，有利於後續整形操作，也可因為麵團溫度較低，降低手熱使麵團出油的程度。而麵團在冷藏靜置期間，麵粉的吸水作用還是會繼續進行，所以麵團即使回覆到常溫狀態，還是會比冷藏前來得更硬，在烤焙後的成品擴展性也會比較小，外觀的形狀會比較明顯。

麵團整平再冷藏，可加速冷卻時間，從冰箱取出後，麵團回溫軟化的程度也比較一致，有利後續操作。

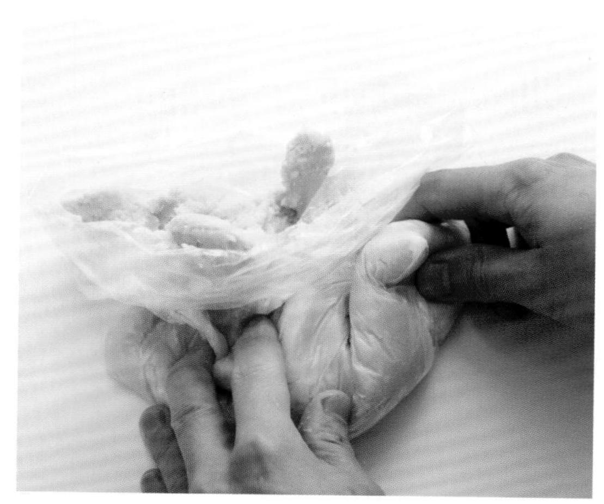

6 取出冷藏後的麵團時，可順勢稍微壓摺麵團，將麵團揉合方便塑形。

B 油粉糖拌合法

適用餅乾類型

冰箱小西餅、塔皮及糖比例較高較脆硬的餅乾。

攪拌法的特性

油粉糖拌合法若使用砂糖，攪拌後麵團中糖的顆粒會較大，經過烤焙加熱後糖會融化、膨脹，而去撐開餅乾的組織，使餅乾組織較粗，使用糖粉則較細緻。

而餅乾製作中有直接攪拌法，就是將所有材料加入一次拌匀，適用在冰箱小西餅類的製作，這類型的攪拌方式就是不太需要奶油的打發性。

材料添加順序 油＋麵粉→糖→蛋（或其它液態材料）

1 奶油放在室溫下軟化，先把奶油稍微拌軟，加入麵粉用手搓匀。

2 加入糖拌匀，若使用的是糖粉，其實也可以先把麵粉和糖粉混合均匀，再過篩加入奶油中拌匀。

3 加入蛋液或其它液態材料，攪拌均匀成團。

由於使用油粉糖拌合法的麵團會比較硬，所以用手操作會比較容易，如果家中有攪拌機則可使用槳狀攪拌器操作即可。

C 糖蛋粉拌合法

適用餅乾類型

菸捲、薄餅及蛋或液態原料比例較高的餅乾。

攪拌法的特性

薄餅的基本配方為→油：糖粉：蛋：粉＝1：1：1：1，配方和基本磅蛋糕相同，因蛋含量較高，使用油糖拌合法會有油水分離的可能，所以將麵粉和其它材料結合後，再加入融化的奶油，這樣就可以避免油水分離的可能，也因蛋的成分含量高又添加融化奶油，所以麵糊完成狀態會很稀軟，可選擇直接擠出讓麵糊自然攤平，也可將麵糊冷藏使它變硬，再抹入薄餅模片中。然而並非所有薄餅配方的蛋含量都如此高，如果是蛋含量比例較低的配方亦可使用油糖拌合法。

材料添加順序 糖＋蛋（或其它液態材料）＋粉→融化奶油

1 將糖粉和麵粉先攪拌均勻。

2 加入蛋或其它液態材料，攪拌均勻成團。

如果你使用的糖是砂糖，也可以直接把麵粉和砂糖先拌勻，但薄餅類成品表面都會比較細緻，若使用砂糖，成品表面的光滑細緻度會下降。

此步驟攪拌均勻即可，過度攪拌會將麵粉筋度拌出來，所以為了快速攪拌均勻，步驟1先將糖粉和麵粉一起過篩再進行攪拌。

3 加入融化的奶油攪拌均勻。

D 蛋白打發拌合法

適用餅乾類型

馬卡龍、牛粒、達克瓦茲、法式蛋白餅等。

攪拌法的特性

蛋白類打發製品通常口感都還是會帶一點濕潤度，所以吃起來餅乾體口感會是軟的，但也有要把製品烤乾成為酥脆的口感的餅體，例如：書中示範的法式蛋白杏仁夾心即為此類，如果要讓餅體帶有一點濕潤口感，蛋白打發程度就打發至濕性發泡，如果要烤乾成酥脆的餅體，就把蛋白打發至乾性發泡。但烘焙時間的長短也會影響餅乾的濕潤度。

材料添加順序 蛋白＋砂糖打發→粉類

1 蛋白先用打蛋器同方向打出大泡泡，這樣可以讓蛋白吃進比較多的空氣，加入砂糖後比較好打發。

打發蛋白時，使用電動打蛋器會比較快速省力，攪拌盆內一定要無油無水很乾淨，不然會失敗。雞蛋的新鮮度也會影響打發狀態。

3 持續打發可發現蛋白泡沫越來越細緻，可舉起打蛋器判斷蛋白打發狀態，如果蛋白有小倒勾，則在濕性發泡階段，再繼續打發會進入硬性發泡，此時舉起打蛋器，蛋白的尖端會呈尖挺直立狀。

讀者可視配方或想要的口感需求來打發蛋白，但要注意打到硬性發泡就不要再繼續打下去，否則過度打發的蛋白會變成一球一球的棉花團狀。

2 分次加入砂糖，維持同方向打發蛋白和糖，不要一次把砂糖全部倒入蛋白中，因為砂糖比蛋白重，分次加入比較快打發，也可以把蛋白的體積打得比較膨發。

4 將粉類過篩後加入攪拌盆，用橡皮刮刀輕翻拌勻，動作要快且不要大力攪拌，否則容易消泡。

E 液態糖拌合法

適用餅乾類型

瓦片類。

攪拌法的特性

這類製品在配方中使用大量的蛋白和砂糖來呈現餅乾的脆度，所以必須將蛋白和砂糖加熱融解，而並非攪拌溶解，主要是要讓餅乾表面光滑且帶有光澤度。奶油在瓦片類配方中不一定要有，如果有添加，可和蛋和砂糖一起融解，也可以獨立煮至焦化加進麵糊中，不但會增加顏色，也會使成品有焦糖香氣。

材料添加順序 蛋液＋砂糖＋奶油→麵粉→堅果類

1 蛋液＋砂糖拌勻，隔水加熱至砂糖融化，若配方中有奶油也可在此步驟一起加熱融化。

隔水加熱可避免過焦。

2 若要快速將麵粉攪拌均勻，可先取一部分步驟1的蛋白糖液和麵粉先攪拌均勻，再倒入剩餘的蛋白糖液拌勻。

3 如有芝麻或椰子粉這類副材料，可在此時加入拌勻， 這類麵糊多用造型模片塑形，或用叉子或手將其整為薄片狀烤焙。

麵 團 的 塑 形 小 技 巧

餅乾塑形時，常擀成片或者搓成圓柱狀，亦或整形成方柱狀，雖然看起來簡單，不過如果學會一些小技巧，塑形時會更方便又美觀喔！

方形

TIPS 烘焙材料行可購買深烤盤和一般多用來做糖果輔助用的長方木條。

1 利用有高度的深烤盤，在烤盤上鋪烘焙紙後放上麵團，蓋上烘焙紙，稍微按壓均勻。

2 利用和烤盤同高的長方木條，把麵團壓緊實。

3 上方以桿麵棍擀平。

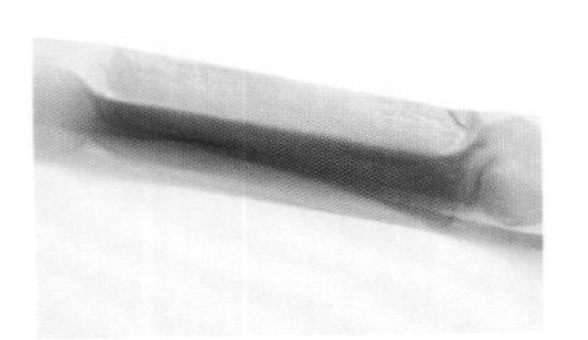

4 放入冰箱冷藏冰硬，取出切片即可。

圓形

TIPS 利用軟墊板包起麵團，可避免冷藏時，圓柱體的底部變平，如果有適當直徑和長度的圓紙筒或者水管，也可以剖開拿來放圓柱麵團使用。

1 將麵團搓成圓柱狀。

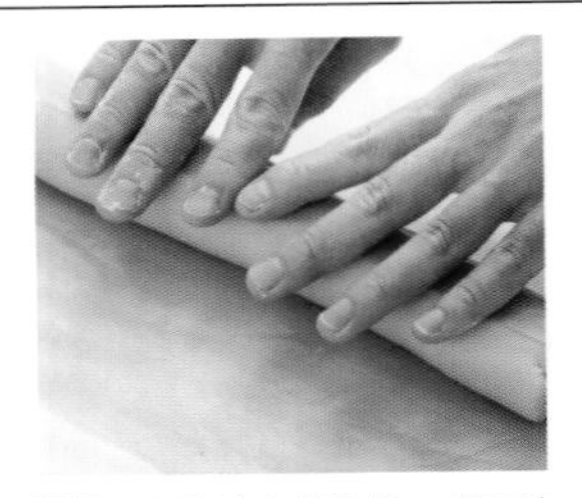

2 以烘焙紙捲起，搓到想要的粗細。

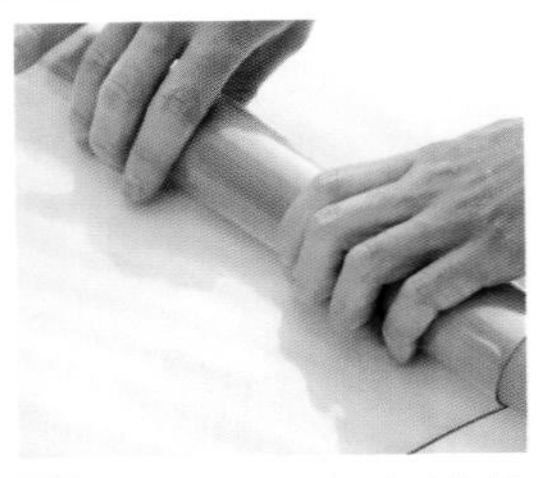

3 利用軟墊板包捲起來。

4 以橡皮筋固定，放入冰箱冷藏冰硬，取出切片即可。

片狀

TIPS 擀麵團時利用烘焙紙上、下包覆麵團，再以桿麵棍擀壓，可避免麵團沾黏，也不用撒手粉，除了方便操作外，也避免手粉撒太多影響麵團狀態。

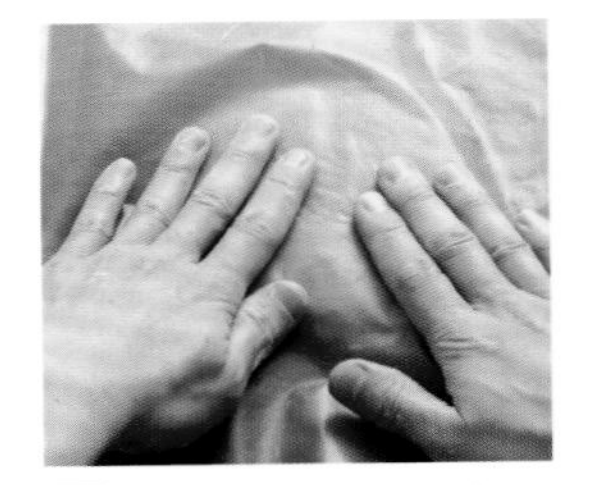

1 將麵團用烘焙紙上下包覆，稍微壓平。

2 左右兩側擺上所需厚度的長方條輔助，用桿麵棍擀壓。

3 由於擀麵棍會受制於方條厚度，所以擀出來的片狀厚度一致性高。

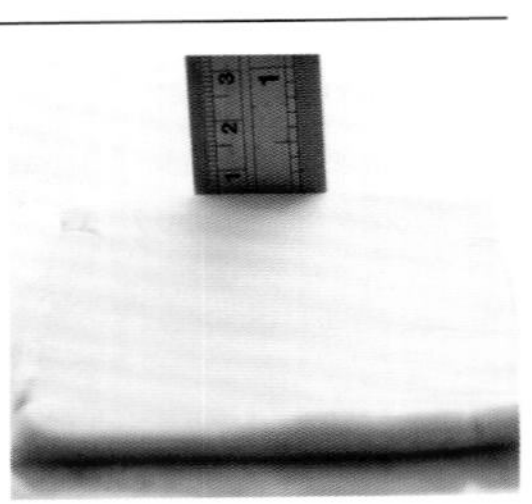

4 如果沒有方條可以輔助，則可利用直尺測量麵片厚度。

擠花袋的花嘴運用

餅乾常用的花嘴有齒數不一的菊花嘴（下列示範為 8 齒菊花嘴）、平口圓花嘴或是半排鋸齒花嘴，又各有圓徑大小的差異，可視需求購買，以下示範幾種簡單常見的花嘴擠花方式，多練習幾次就可以掌握到訣竅。

擠花袋使用

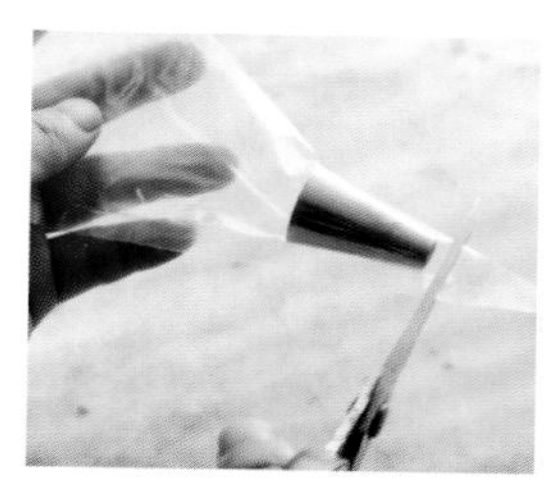

Step 1 若使用拋棄式擠花袋，要先把花嘴裝入袋中，再視花嘴圓徑剪出適當的開口大小。

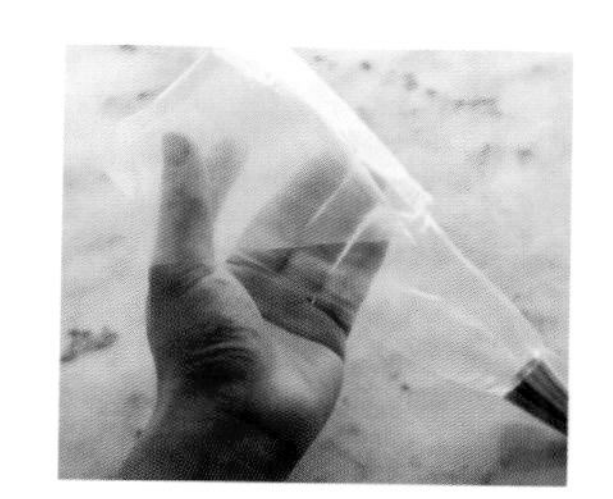

Step 2 把花嘴推到底部貼合。

Step 3 裝入麵糊後，用刮板把麵糊均勻地刮到袋底。

Step 4 袋口轉緊後握好即可。

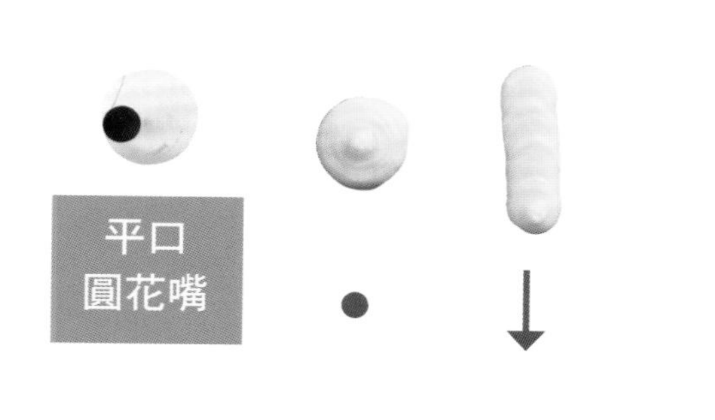

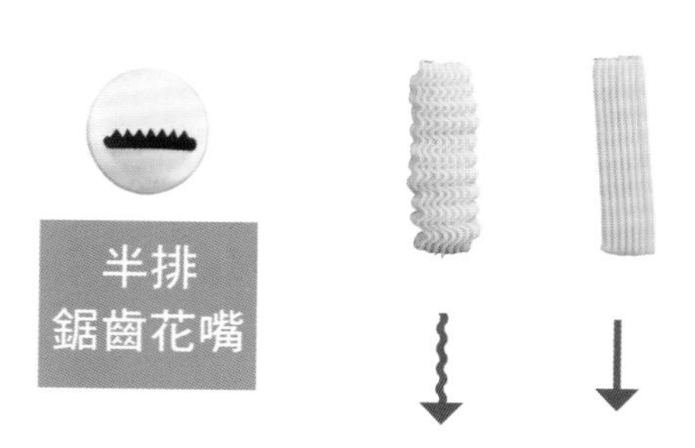

使用烤箱的常見Q&A

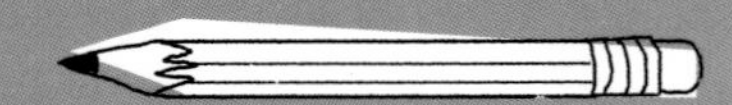

Q 我的烤箱沒有上／下火之分怎麼辦？

A 可將書中所需的（上火溫度＋下火溫度）÷2，用得到的數字來設定烤箱溫度，再用擺放位置來調整受熱溫度，例如：如果書中所需溫度為上火 180℃／下火 160℃，沒有上／下火分別的烤箱可設定溫度為 170℃，並把烤盤擺在中上層，反之若下火原設定溫度較高，則可擺在下層。

Q 新買的烤箱可以直接烤餅乾嗎？

A 新烤箱建議先空燒 30 分鐘，讓烤箱內的異味先消除，冷卻後擦拭乾淨再進行烤焙。

Q 餅乾還沒熟，但是表面好像太焦了！

A 可以在餅乾上面蓋上一層鋁箔紙或者烘焙紙，降低表面受熱度，或者在烤箱底部再墊一塊鐵盤，同時把烤盤移到下層，降溫效果更好。

Q 烤盤上要鋪烘焙紙嗎？

A 現在的家用烤箱幾乎都是搭配不沾烤盤，所以其實也可以不鋪烘焙紙，但烤盤一但用久了，表面塗佈多少會受損或刮到，所以建議烘烤餅乾時，底部還是可鋪上烘焙紙，確保不沾黏之外，也能延長烤盤壽命。

Q 為何比照書上的溫度設定和時間烘烤，餅乾還是沒熟或太焦？

A 其實每一台烤箱的條件不同，就算設定一樣的溫度，也不一定每台烤箱的溫度都能如此準確，建議讀者可在使用烤箱時熟悉烤箱的爐溫表現，且烘烤時要注意餅乾的烤焙狀態，也可以額外購買烤箱用溫度計，準確測量爐溫。

Q 烤箱髒了該怎麼清潔呢？

A 烤箱內如果沾到油漬或髒汙，要在降溫後用濕抹布擦拭，再以乾抹布擦乾，避免水氣滲入底部電熱管。不在爐溫仍高的狀態下清潔，除了避免燙傷之外，烤箱開口的玻璃窗口也不能抵擋劇烈的冷熱交替，如果在此時用濕毛巾擦玻璃，很有可能引起玻璃的裂痕。

Q 什麼樣的烤箱適合烤餅乾呢？

A 烤箱的大小或者價格高低，主要差異在溫度的準確性和對爐溫的保溫效果，以及溫度上升的速度，當然，氣密度好、穩定性高的烤箱使用上會比較容易掌控。餅乾和其它烘焙點心相比，對於烤箱的要求算低，一般家用小烤箱其實都能烤出成功的餅乾，但如果餅乾所需的爐溫上／下火差異過大，例如：牛粒，或者表面不想上色的馬卡龍、或抹茶類餅乾等，就要使用可調上／下火的烤箱。

Q 烤餅乾時要注意哪些細節？

A

1. 【烤箱先預熱】使用烤箱時，無論烤什麼，一定要提早 15 ～ 20 分鐘預熱至所需爐溫，容量越大的烤箱需要預熱的時間會越長。
2. 【烘烤時保留間距】擺放塑形好的餅乾麵團時，要留空隙讓麵團有膨脹或攤平的空間，彼此要有均等間距，避免受熱不均勻或互相沾黏。
3. 【調換烤盤位置】烤箱會因為加熱管的位置而有受熱強弱的差異，所以烘烤過程中可適時打開烤箱，把烤盤前後左右對換，這樣可以讓每一面的受熱更均勻。
4. 【小烤箱注意】小烤箱的烤盤和加熱管的距離近，所以受熱會很快速，容易造成餅乾已經上色卻還沒熟的情形，所以在溫度的設定上要彈性調整。
5. 【餅乾熟成判斷】糖多的餅乾只要烤到上色時，按壓中心處有軟軟的感覺就可以出爐，冷卻後餅乾就會變硬了；油多的餅乾則需烤到上色且變硬就可以出爐。烤好的餅乾冷卻後要盡快密封保存，避免吸收空氣中的濕氣而回軟，並在一個月內食用完畢。

part 3

酥 鬆 類 餅 乾

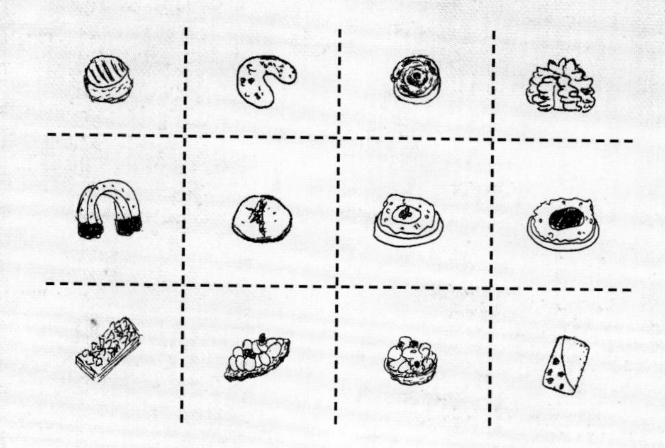

配方中油比糖多的餅乾，是市面上最常見的配比，酥鬆的口感廣受歡迎～

tips

香草籽每次可將香草莢切下所需長度，剖開後刮出香草籽使用，剩餘的香草外莢可在在製作布丁時和牛奶一起煮，或者放入砂糖中增加砂糖香氣。

也可在雪球出爐後立刻沾一層糖粉，餅乾冷卻後就會形成一層糖衣，再沾一層防潮糖粉和風味粉。

約32個

抹茶雪球

食材	重量 (g)	烘焙百分比 (%)
發酵奶油	180	92.3
糖粉	45	23.1
鹽	1	0.5
香草籽	0.25支	0.13支
杏仁粉	85	43.6
低筋麵粉	195	100
抹茶粉	12	6.2
泡打粉	1	0.5
total	519g	266.2%

其他材料

糖粉75g、防潮糖粉45g、抹茶粉1.5g

作法

1 **主體**：發酵奶油＋糖粉＋鹽＋香草籽，打發至奶油微微發白，加入杏仁粉、低筋麵粉、抹茶粉及泡打粉，拌勻。

2 **塑形**：移進冰箱冷藏30分鐘→取出→分成15g→搓圓。

3 **烘烤**：以上火160℃／下火120℃烤約25分鐘，取出冷卻，裹上拌勻的糖粉＋抹茶粉＋防潮糖粉即可。

約32個

檸檬雪球

食材	重量 (g)	烘焙百分比 (%)
發酵奶油	180	92.3
糖粉	45	23.1
鹽	1	0.5
香草籽	0.25支	0.13支
杏仁粉	80	41
低筋麵粉	195	100
杏仁粒	20	10.3
泡打粉	1	0.5
新鮮檸檬皮屑	0.5顆	0.25顆
total	522g	267.7%

其他材料

檸檬粉適量

作法

1 **主體**：發酵奶油＋糖粉＋鹽＋香草籽，打發至奶油微微發白，加入杏仁粉、低筋麵粉、杏仁粒、泡打粉及新鮮檸檬皮屑，拌勻。

2 **塑形**：移進冰箱冷藏30分鐘→取出→分成15g→搓圓。

3 **烘烤**：以上火160℃／下火120℃烤約25分鐘，取出冷卻，裹上檸檬粉即可。

tips

雪球不要烤到上色，因為出爐後餘溫會讓餅乾顏色再加深，容易烤過頭；剛烤好的雪球組織較鬆軟，冷卻後再裹外層糖粉，雪球較不易散開。

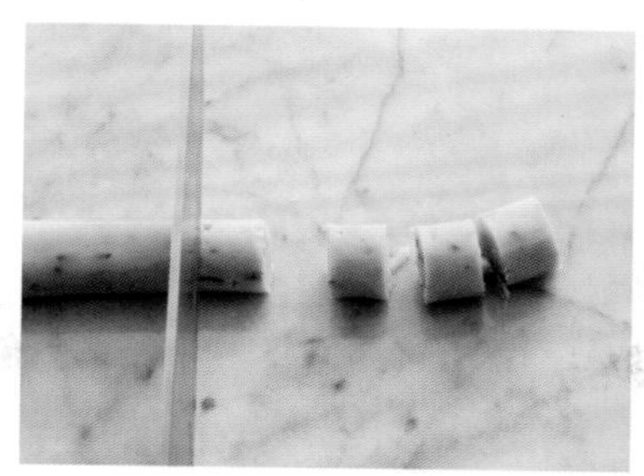

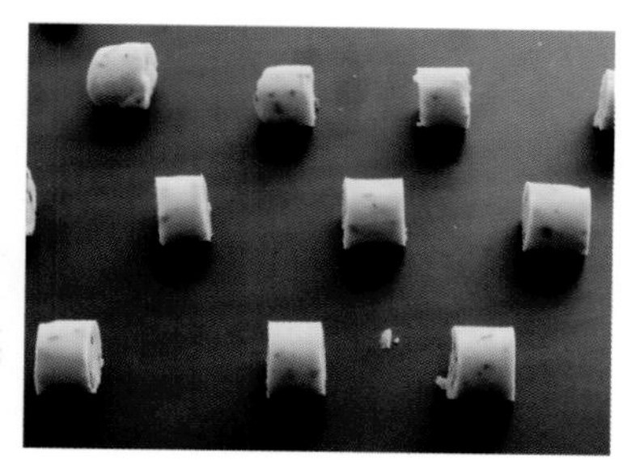

約30片

草莓雪球

食材	重量 (g)	烘焙百分比 (%)
發酵奶油	180	92.3
糖粉	45	23.1
鹽	1	0.5
杏仁粉	80	41
低筋麵粉	195	100
泡打粉	1	0.5
乾燥草莓粒	10	5.1
total	512g	262.5%

其他材料

草莓粉適量、防潮糖粉適量

作法

1 **主體**：發酵奶油＋糖粉＋鹽，打發至奶油微微發白，加入杏仁粉、低筋麵粉、泡打粉及切碎的乾燥草莓粒，拌勻。

2 **塑形**：搓成細長條→移進冰箱冷藏3～4小時，至麵團變硬→取出→切成15g的塊狀

3 **烘烤**：以上火160℃／下火120℃烤約25分鐘，取出冷卻，先沾一層防潮糖粉再沾草莓粉即可。

約30片

黃豆雪球

食材	重量 (g)	烘焙百分比 (%)
發酵奶油	180	92.3
糖粉	45	23.1
鹽	1	0.5
低筋麵粉	195	100
泡打粉	1	0.5
黃豆粉	20	10.3
杏仁粉	60	30.8
total	502g	257.5%

其他材料

黃豆粉適量、防潮糖粉適量

作法

1 **主體**：發酵奶油＋糖粉＋鹽，打發至奶油微微發白，加入低筋麵粉、泡打粉、黃豆粉及杏仁粉，拌勻。

2 **塑形**：搓成細長條→移進冰箱冷藏3～4小時，至麵團變硬→取出→切成15g的塊狀。

3 **烘烤**：以上火160℃／下火120℃烤約25分鐘，取出冷卻，先沾一層防潮糖粉再沾黃豆粉即可。

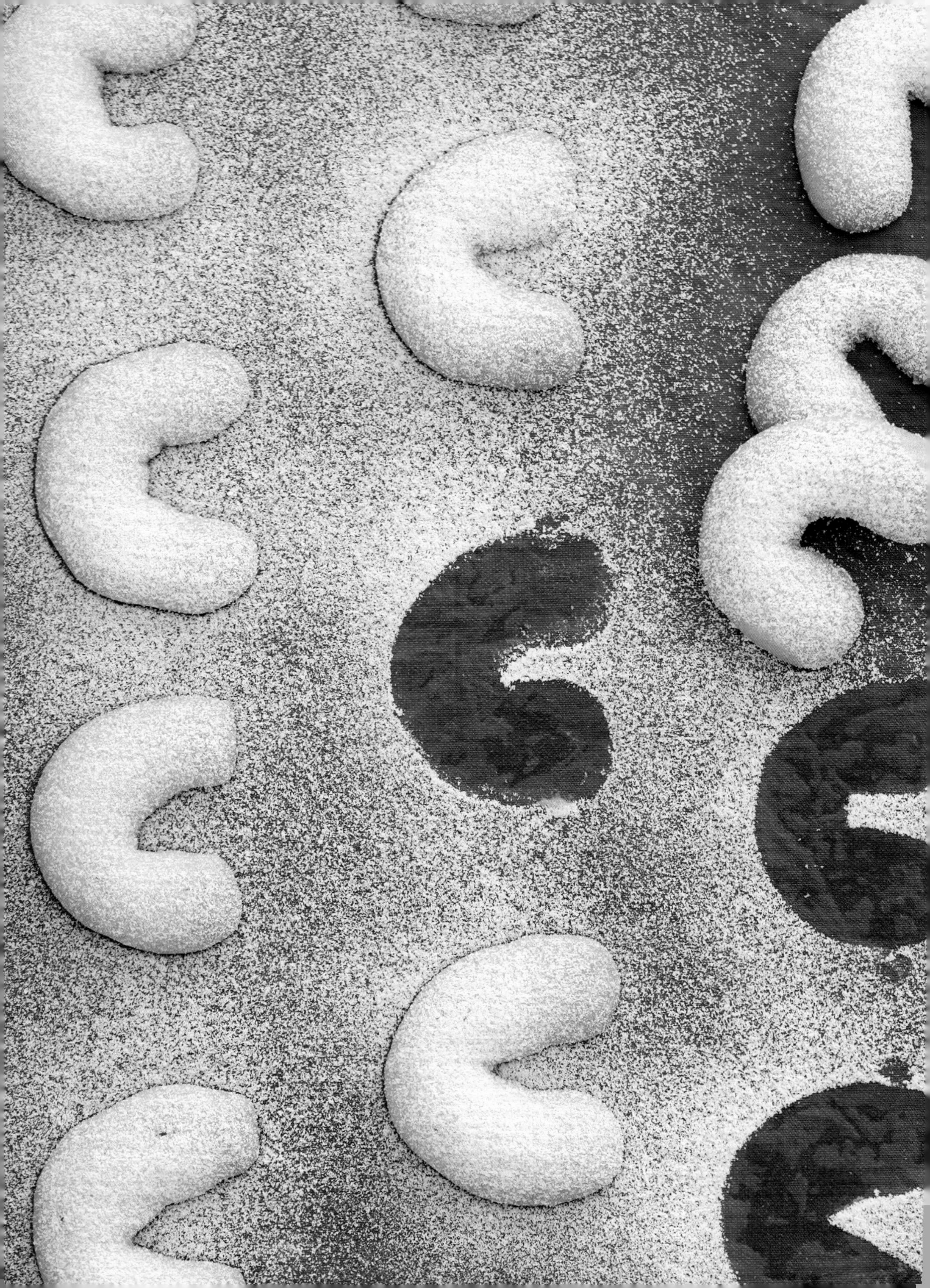

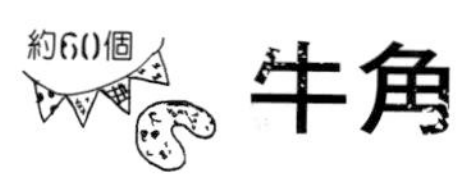

牛角

食材	重量 (g)	烘焙百分比 (%)
有鹽奶油	150	100
糖粉	90	60
全蛋液	30	20
杏仁粉	72	48
低筋麵粉	150	100
玉米粉	10	6.7
total	502g	334.7%

其他材料

防潮糖粉適量

作法

1 主體：有鹽奶油＋糖粉，打發至奶油微微發白，加入全蛋液，攪拌至完全乳化，加入杏仁粉、低筋麵粉及玉米粉，拌勻。

2 塑形：移進冰箱冷藏30分鐘→取出→分成8g→搓成長條，彎成馬蹄形。

3 烘烤：以上火160℃／下火160℃烤約12分鐘，取出冷卻，撒上防潮糖粉即可。

tips

牛角配方中添加大量的杏仁粉，與奶油結合後經過烘烤，不但能呈現出濃郁奶香味，還能增加餅體酥鬆的口感。

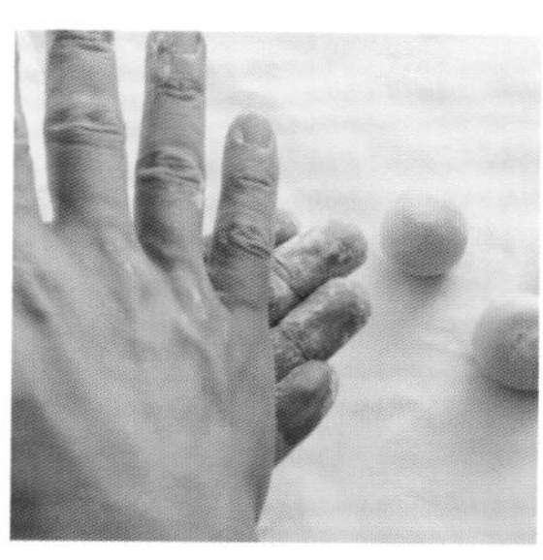
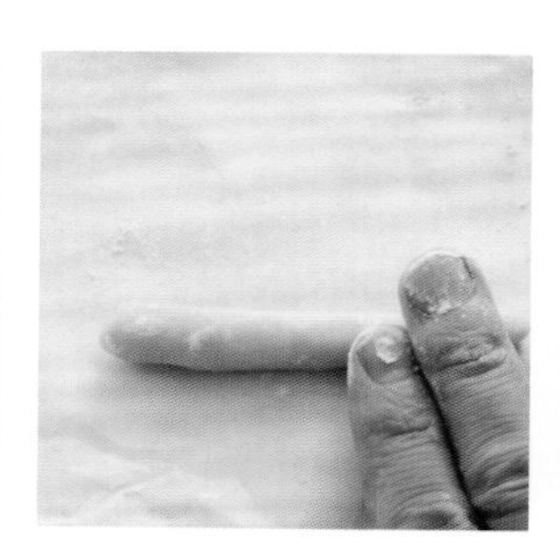

tips

咖啡曲奇使用的咖啡粉要磨得細一點，也可以直接用市售即溶咖啡粉取代，咖啡的苦味會降低。

咖啡曲奇

食材	重量 (g)	烘焙百分比 (%)
有鹽奶油	162	147.3
糖粉	54	49.1
研磨咖啡粉	18	16.4
玉米粉	110	100
低筋麵粉	110	100
total	454g	412.8%

作法

1 **主體**：有鹽奶油＋糖粉＋研磨咖啡粉，打發至奶油發白，加入玉米粉及低筋麵粉，拌勻。
2 **塑形**：裝入8齒菊花嘴擠花袋→擠出花形。
3 **烘烤**：以上火150℃／下火150℃烤約25分鐘即可。

抹茶曲奇

食材	重量 (g)	烘焙百分比 (%)
有鹽奶油	162	147.3
糖粉	54	49.1
玉米粉	105	95.5
低筋麵粉	110	100
抹茶粉	22	20
total	453g	411.9%

作法

1 **主體**：有鹽奶油＋糖粉，打發至奶油發白，加入玉米粉、低筋麵粉及抹茶粉，拌勻。
2 **塑形**：裝入8齒菊花嘴擠花袋→擠出花形。
3 **烘烤**：以上火150℃／下火150℃烤約25分鐘即可。

可可曲奇

食材	重量 (g)	烘焙百分比 (%)
有鹽奶油	162	147.3
糖粉	54	49.1
玉米粉	100	90.9
低筋麵粉	110	100
可可粉	22	20
小蘇打粉	2	1.8
total	450g	409.1%

作法

1 **主體**：有鹽奶油＋糖粉，打發至奶油發白，加入玉米粉、低筋麵粉、可可粉及小蘇打粉，拌勻。
2 **塑形**：裝入8齒菊花嘴擠花袋→擠出花形。
3 **烘烤**：以上火150℃／下火150℃烤25分鐘即可。

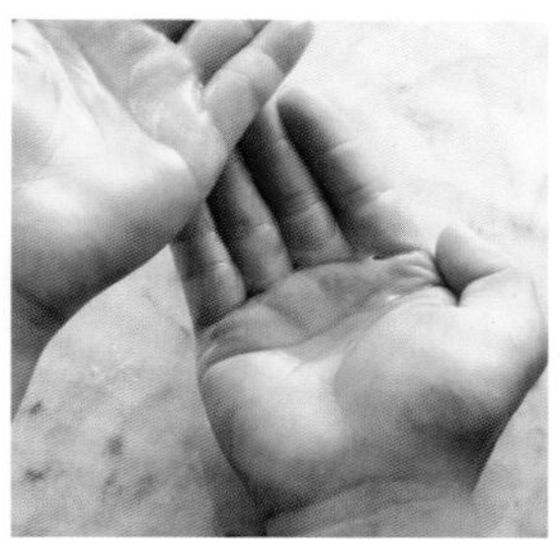

約30個

巧克力岩石

食材	重量 (g)	烘焙百分比 (%)
發酵奶油	90	60
糖粉	75	50
鹽	1	0.7
全蛋液	55	36.7
杏仁粉	60	40
可可粉	23	15.3
小蘇打粉	2	1.3
泡打粉	2	1.3
低筋麵粉	150	100
total	458g	305.3%

其他材料

蛋白液適量、玉米粉適量

作法

1 **主體**：發酵奶油＋糖粉＋鹽，打至均勻，分兩次加入全蛋液，攪拌至完全乳化，加入杏仁粉、可可粉、小蘇打粉、泡打粉及低筋麵粉，拌勻。

2 **塑形**：分成15g→搓圓→手掌上取適量蛋白液→麵團球裹一層蛋白液→沾上玉米粉。

3 **烘烤**：以上火190℃／下火150℃烤約5分鐘，將烤箱溫度調降為上火150℃／下火150℃，繼續烤約15分鐘即可。

tips

餅乾糖量越高，烤出的餅體除了膨脹係數較大之外，外觀也會呈現自然裂紋，而此配方中油糖比例接近，再加上將麵團搓成圓球形入爐烤焙，並在烤溫設定為上火強，下火弱，快速將表面烤定型，但內部麵團持續加熱膨脹，表面就會出現明顯裂紋，待裂紋出現再將上火調降繼續烤焙。

tips

榛果咖啡和伯爵茶兩種餅乾的配方結構相同，在榛果咖啡口味為了要凸顯榛果風味則以榛果醬取代部分奶油，再各別使用咖啡豆磨製成的咖啡豆粉及紅茶茶角，除了增加其風味，也因咖啡豆粉和紅茶茶角不會融於麵團中，表面會呈現顆粒感，使餅乾更豐富。

榛果咖啡馬蹄酥

食材	重量 (g)	烘焙百分比 (%)
有鹽奶油	145	72.5
榛果醬	20	10
糖粉	80	40
全蛋液	40	20
低筋麵粉	200	100
榛果粉	20	10
研磨咖啡豆粉	3	1.5
total	508g	254%

其他材料

黑巧克力適量

作法

1 **主體**：有鹽奶油＋榛果醬＋糖粉，打發至奶油微微發白，加入全蛋液，攪拌至完全乳化，加入低筋麵粉、榛果粉及研磨咖啡豆粉，拌勻。
2 **塑形**：裝入5齒菊花嘴擠花袋→擠成U形。
3 **烘烤**：以上火170℃／下火160℃烤約15分鐘，取出冷卻，兩端沾上切碎後隔水加熱煮融的黑巧克力醬即可。

伯爵茶馬蹄酥

食材	重量 (g)	烘焙百分比 (%)
有鹽奶油	160	86.5
糖粉	40	21.6
二號砂糖	40	21.6
全蛋液	40	21.6
低筋麵粉	185	100
伯爵茶粉	10	5.4
杏仁粉	15	8.1
紅茶茶角	1	0.5
total	491g	265.3%

其他材料

白巧克力適量

作法

1 **主體**：有鹽奶油＋糖粉＋二號砂糖，打發至奶油微微發白，加入全蛋液，攪拌至完全乳化，加入低筋麵粉、伯爵茶粉、杏仁粉及紅茶茶角，拌勻。
2 **塑形**：裝入5齒菊花嘴擠花袋→擠成U形。
3 **烘烤**：以上火170℃／下火160℃烤約15分鐘，取出冷卻，兩端沾上切碎後隔水加熱煮融的白巧克力醬即可。

椰子巧克力馬蹄酥

食材	重量 (g)	烘焙百分比 (%)
有鹽奶油	140	87.5
細砂糖	85	53.1
全蛋液	38	23.8
低筋麵粉	160	100
椰子粉	70	43.8
高熔點巧克力豆	32	20
total	525g	328.2%

作法

1. **主體**：有鹽奶油＋細砂糖，打發至奶油微微發白，分兩次加入全蛋液，攪拌至完全乳化，加入低筋麵粉、椰子粉，拌勻，再加入高熔點巧克力豆稍微拌一下。
2. **塑形**：裝入直徑0.8cm平口圓花嘴擠花袋→擠成U形。
3. **烘烤**：以上火160℃／下火150℃烤12～15分鐘即可。

tips

添加椰子粉的餅乾要徹底均勻的烤上色，椰子香氣才會出來，但若烤太過則易出現油耗味，烤好的餅乾最好放置一至二日，椰子風味會更加明顯。

榛果球

食材	重量 (g)	烘焙百分比 (%)
有鹽奶油	155	83.8
糖粉	55	29.7
杏仁粉	80	43.2
低筋麵粉	185	100
可可粉	15	8.1
榛果碎粒	20	10.8
total	510g	275.6%

其他材料

榛果粉適量

作法

1 **主體**：有鹽奶油＋糖粉，打發至奶油微微發白，加入杏仁粉、低筋麵粉、可可粉及榛果碎粒，拌勻。

2 **塑形**：分成15g→搓圓→以噴水瓶在麵團球表面噴水→沾上榛果粉。

3 **烘烤**：以上火180℃／下火130℃烤約25分鐘即可。

tips

榛果球表面沾裹的榛果粉要烤至完全上色，除增加外觀色澤外，榛果香氣也會更加濃郁。

tips

椰子蛋白與花生杏仁蛋白的配方中都是以蛋白、砂糖及少許麥芽糖漿為主，拌入其他風味材料來變化口味，但要注意每種原物料吸水性不同，吸水性高的材料添加量則少，吸水性低的材料添加量則要增多。如花生粉及杏仁粒吸水性比椰子粉低，所以用量增加外，攪拌完成之麵糊可靜置 15 分鐘讓麵糊硬度增加方便操作。

約30片

可可拿滋燒果子

食材	重量 (g)	烘焙百分比 (%)
有鹽奶油	150	69.8
細砂糖	90	41.9
全蛋液	25	11.6
低筋麵粉	215	100
椰子粉	20	9.3
total	500g	232.6%

其他材料

A 椰子蛋白：蛋白64g、細砂糖80g、麥芽糖漿8g、椰子粉88g

B 白巧克力適量、乾燥草莓碎粒少許

作法

1 **主體**：有鹽奶油＋細砂糖，打發至奶油微微發白，分兩次加入全蛋液，攪拌至完全乳化，加入低筋麵粉、椰子粉，拌勻，移進冰箱冷藏30分鐘，取出，擀成厚0.3cm的片狀→冷藏3～4小時至麵團變硬→以直徑5cm圓框模壓出圓片→以上火170℃／下火160℃烤約8分鐘至半熟，取出冷卻。

2 **椰子蛋白**：蛋白、細砂糖及麥芽糖漿一起放入鍋中，隔水加熱至40℃，攪拌至砂糖融化，加入椰子粉拌勻，裝入直徑0.8cm平口圓花嘴擠花袋。

3 **組合**：在餅體外圍擠一圈椰子蛋白，以上火150℃／下火150℃烤約20分鐘，至均勻上色，取出冷卻，中心填入切碎後隔水加熱煮融的白巧克力醬，撒上乾燥草莓碎粒即可。

約30片

花生杏仁燒果子

食材	重量 (g)	烘焙百分比 (%)
有鹽奶油	150	69.8
細砂糖	90	41.9
全蛋液	25	11.6
低筋麵粉	215	100
椰子粉	20	9.3
total	500g	232.6%

其他材料

A 花生杏仁蛋白：蛋白40g、細砂糖58g、麥芽糖漿5g、花生粉55g、杏仁角60g

B 黑巧克力適量

作法

1 **主體**：有鹽奶油＋細砂糖，打發至奶油微微發白，分兩次加入全蛋液，攪拌至完全乳化，加入低筋麵粉、椰子粉，拌勻，移進冰箱冷藏30分鐘，取出，擀成厚0.3cm的片狀→冷藏3～4小時至麵團變硬→以直徑5cm圓框模壓出圓片，以上火170℃／下火160℃烤約8分鐘至半熟，取出冷卻。

2 **花生杏仁蛋白**：蛋白、細砂糖及麥芽糖漿一起放入鍋中，隔水加熱至40℃，攪拌至砂糖融化，加入花生粉和杏仁角拌勻，靜置約15分鐘讓蛋白麵糊更濃稠，裝入直徑0.8cm的平口圓花嘴擠花袋。

3 **組合**：在餅體外圍擠一圈花生杏仁蛋白，以上火150℃／下火150℃烤約20分鐘，至均勻上色，取出冷卻，中心填入切碎後隔水加熱煮融的黑巧克力即可。

tips

弗羅倫汀（Florentin）泛指以法式沙布蕾餅乾為底，上面鋪上焦糖杏仁的餅乾。這裡示範傳統的焦糖杏仁餡，也可添加柳橙皮增加香氣，煮焦糖過程中盡量不要攪拌，否則糖容易結晶而失敗，可等到砂糖融化，再微微搖晃鍋子取代用器具攪拌，煮焦糖時溫度很高，離火後餘溫還是會持續讓糖焦化，所以使用銅鍋或者較厚的不鏽鋼材質鍋具為佳；南瓜子杏仁糖餡則提供讀者簡化的糖餡作法。

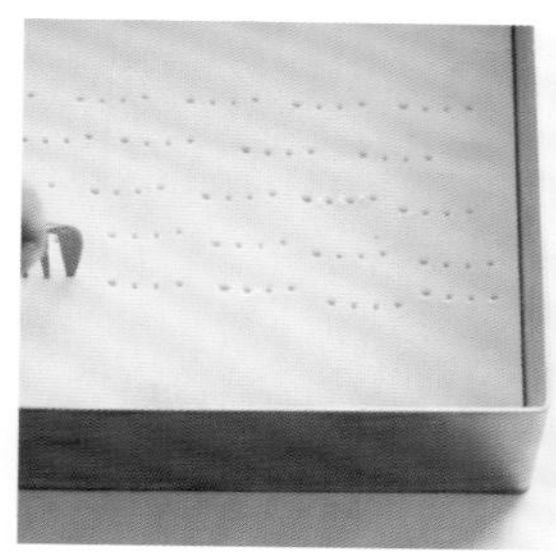

杏仁弗羅倫汀

食材	重量 (g)	烘焙百分比 (%)
有鹽奶油	115g	65.7
糖粉	45g	25.7
全蛋液	15g	8.6
中筋麵粉	175g	100
全脂奶粉	10g	5.7
total	360g	205.7%

其他材料

焦糖杏仁糖餡：細砂糖53g、蜂蜜45g、動物性鮮奶油53g、發酵奶油45g、杏仁片135g

作法

1 **主體**：有鹽奶油＋糖粉，打發至奶油微微發白，加入全蛋液，攪拌至完全乳化，加入中筋麵粉及全脂奶粉，拌勻，移進冰箱冷藏30分鐘，取出，擀成厚0.5cm的片狀→以18cm正方框模壓出餅皮→用叉子戳洞→以上火170℃／下火160℃帶框烤約30分鐘→取出冷卻。

2 **焦糖杏仁糖餡**：細砂糖以中小火煮至145℃，加入80℃的蜂蜜拌勻，加入加熱至80℃的動物性鮮奶油及發酵奶油，煮滾，離火，加入杏仁片拌勻，待降溫至40℃。

3 **組合**：將杏仁糖餡擺在餅皮上鋪平，套入原方框模，以上火180℃／下火0℃烤約35分鐘，至表面無糖泡，取出稍微冷卻，在溫熱時切塊即可。

可可南瓜子弗羅倫汀

食材	重量 (g)	烘焙百分比 (%)
有鹽奶油	115	65.7
糖粉	45	25.7
全蛋液	15	8.6
中筋麵粉	175	100
可可粉	10	5.7
小蘇打粉	1	0.6
total	361g	206.3%

其他材料

南瓜子糖餡：細砂糖46g、有鹽奶油38g、葡萄糖漿46g、南瓜子68g

作法

1 **主體**：有鹽奶油＋糖粉，打發至奶油微微發白，加入全蛋液，攪拌至完全乳化，加入中筋麵粉及可可粉及小蘇打，拌勻，移進冰箱冷藏30分鐘，取出，擀成厚0.5cm的片狀→以18cm正方框模壓出餅皮→用叉子戳洞→以上火170℃／下火160℃帶框烤約30分鐘→取出冷卻。

2 **南瓜子糖餡**：細砂糖＋有鹽奶油＋葡萄糖漿，拌勻，加入南瓜子拌勻。

3 **組合**：將南瓜子糖餡擺在餅皮上鋪平，套入原方框模，以上火180℃／下火0℃烤約35分鐘，至表面無糖泡，取出稍微冷卻，在溫熱時切塊即可。

奶油酥球

食材	重量 (g)	烘焙百分比 (%)
有鹽奶油	175	109.4
糖粉	65	40.6
低筋麵粉	160	100
杏仁粉	10	6.3
total	410g	256.3%

其他材料

巧克力適量

作法

1 **主體**：有鹽奶油＋糖粉，打發至奶油微微發白，加入低筋麵粉、杏仁粉，拌勻。

2 **塑形**：裝入擠花袋→擠入單顆直徑3cm的半圓矽膠膜→用沾濕的廚房紙巾將底部壓平。

3 **烘烤**：以上火160℃／下火150℃烤約25分鐘，取出稍微降溫後脫模，冷卻，以切碎後隔水加熱煮融的巧克力醬黏合即可。

tips

奶油酥球配方中的粉量較少，麵糊在烤焙時形狀維持較不易，所以必須擠入模型一起烤焙，但餅乾的化口性會較好。你也可以擠入不同形狀之模具中，但建議使用矽膠模會較好脫模，餅乾外型也較不易被破壞。

tips

沙布蕾（Sablé）是法國基本款餅乾，外圈沾上結晶狀的白砂糖即為經典的鑽石餅乾，砂糖能增加餅乾光澤度，並在酥鬆的餅體中增加脆口感，常見的口味有香草、柳橙、咖啡、巧克力或杏仁等，表面也可用杏仁豆，巧克力豆裝飾做變化。

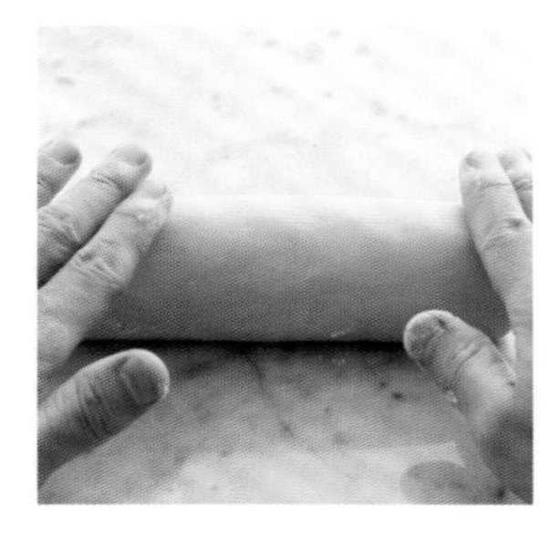

鑽石香草沙布蕾

食材	重量 (g)	烘焙百分比 (%)
有鹽奶油	140	62.2
糖粉	100	44.4
全蛋液	25	11.1
低筋麵粉	225	100
香草籽	0.25支	0.1支
total	490g	217.7%

其他材料

蛋白液適量、特級白砂糖適量

作法

1 **主體**：有鹽奶油＋糖粉＋香草籽，打發至奶油微微發白，加入全蛋液，攪拌至完全乳化，加入低筋麵粉，拌勻。

2 **塑形**：移進冰箱冷藏30分鐘→取出→搓成圓柱狀→冷藏3～4小時至麵團變硬→取出→表面刷蛋白液→沾上特級白砂糖→切成重15g的片狀。

3 **烘烤**：以上火160℃／下火150℃烤15～18分鐘即可。

鑽石巧克力沙布蕾

食材	重量 (g)	烘焙百分比 (%)
有鹽奶油	140	71.8
糖粉	100	51.3
全蛋液	25	12.8
低筋麵粉	195	100
可可粉	30	15.4
小蘇打粉	2	1
total	492g	252.3%

其他材料

蛋白液適量、特級白砂糖適量

作法

1 **主體**：有鹽奶油＋糖粉，打發至奶油微微發白，加入全蛋液，攪拌至完全乳化，加入低筋麵粉、可可粉及小蘇打粉，拌勻。

2 **塑形**：移進冰箱冷藏30分鐘→取出→搓成圓柱狀→冷藏3～4小時至麵團變硬→取出→表面刷蛋白液→沾上特級白砂糖→切成重15g的片狀。

3 **烘烤**：以上火160℃／下火150℃烤15～18分鐘即可。

tips

利用派皮做外層餅皮，將餡料包起，這樣的派皮配方因為不含糖，所以很常用於製作鹹派，奶油香味比較重，無甜味，所以內層可搭配甜餡料增加風味，只要內餡可經烤焙而不會攤流，冷卻後又有口感，都可做為內餡試試口味。

約40片 摩卡螺旋派餅

食材	重量 (g)	烘焙百分比 (%)
低筋麵粉	375	100
冰的有鹽奶油	225	60
冰牛奶	190	50.7
鹽	3	0.8
total	793g	211.5%

其他材料

摩卡餡：有鹽奶油63g、細砂糖32g、動物性鮮奶油8g、咖啡醬6g、咖啡粉2g、低筋麵粉50g

作法

1 **主體**：冰的有鹽奶油切小塊，加入低筋麵粉，拌至無乾粉狀， 加入鹽和冰牛奶，拌勻。
2 **摩卡餡**：有鹽奶油＋細砂糖，打勻，加入動物性鮮奶油、咖啡醬，拌勻，再加入咖啡粉和低筋麵粉，拌勻。
3 **塑形**：麵團移進冰箱冷藏鬆弛30分鐘→取出→擀成厚0.3cm的方片狀→抹上摩卡餡→捲起→冷藏3～4小時至麵團變硬→取出→切成0.7cm的片狀。
4 **烘烤**：以上火170℃／下火130℃烤約25分鐘即可。

約40片 莓果螺旋派餅

食材	重量 (g)	烘焙百分比 (%)
低筋麵粉	375	100
冰的有鹽奶油	225	60.0
冰牛奶	190	50.7
鹽	3	0.8
total	793g	211.5%

作法

1 **主體**：冰的有鹽奶油切小塊，加入低筋麵粉，拌至無乾粉狀， 加入鹽和冰牛奶，拌勻。
2 **塑形**：移進冰箱冷藏鬆弛30分鐘→取出→擀成厚0.3cm的方片狀→抹上藍莓餡→撒上切碎的蔓越莓果乾→捲起→冷藏3～4小時至麵團變硬→取出→切成0.7cm的片狀。
3 **烘烤**：以上火170℃／下火130℃烤約25分鐘即可。

其他材料

莓果餡：藍莓果醬適量、蔓越莓果乾適量

tips

卡蕾特（Galette）是法國布烈塔尼區的傳統點心，特色是在配方中加入蛋黃增加酥鬆度及香味，也會加入酒、檸檬皮或柳橙皮增加香氣，餅乾表面會刷蛋液及畫花紋去烘烤。要注意塑形時的圓框模要比烘烤時的框模小一點，避免烘烤時膨脹而使成品中間凹凸不平。

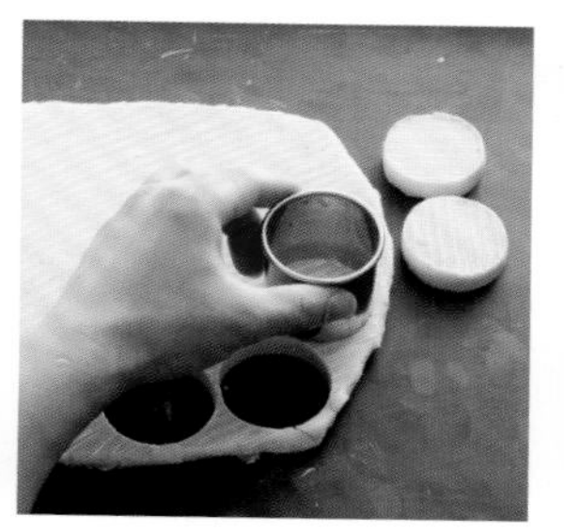

約25個

香草卡蕾特

食材	重量 (g)	烘焙百分比 (%)
發酵奶油	235	106.8
糖粉	140	63.6
香草籽	0.25支	0.11支
蛋黃液	40	18.2
泡打粉	5	2.3
杏仁粉	55	25
低筋麵粉	220	100
total	695g	315.9%

其他材料

蛋黃液適量、海鹽少許

作法

1 **主體**：發酵奶油＋糖粉＋香草籽，打發至奶油微微發白，加入蛋黃液，攪拌至完全乳化，加入泡打粉、杏仁粉、低筋麵粉，拌勻。

2 **塑形**：移進冰箱冷藏30分鐘→取出→擀成厚0.8cm的片狀→表面刷上蛋黃液→待蛋黃液風乾→表面再刷第二次蛋黃液→用叉子劃出線條→用直徑4.5cm圓框模壓出圓片→將圓片放入直徑5cm圓框模→撒上少許海鹽。

3 **烘烤**：以上火170℃／下火130℃烤約35分鐘即可。

約25個

巧克力卡蕾特

食材	重量 (g)	烘焙百分比 (%)
發酵奶油	200	90.9
糖粉	100	45.5
鹽	1	0.5
蛋黃液	40	18.2
66%黑巧克力	72	32.7
低筋麵粉	220	100
泡打粉	2	0.9
可可粉	3	1.4
total	638g	290.1%

其他材料

蛋黃液適量

作法

1 **主體**：發酵奶油＋糖粉＋鹽，打發至奶油微微發白，加入蛋黃液，攪拌至完全乳化，加入切碎後隔水加熱煮融的巧克力醬拌均，再加入低筋麵粉、泡打粉及可可粉，拌勻。

2 **塑形**：移進冰箱冷藏30分鐘→取出→擀成厚0.8cm的片狀→表面刷上蛋黃液→待蛋黃液風乾→表面再刷第二次蛋黃液→用叉子劃出線條→用直徑4.5cm圓框模壓出圓片→將圓片放入直徑5cm圓框模。

3 **烘烤**：以上火170℃／下火130℃烤約35分鐘即可。

tips

英式奶油酥餅（Shortbread）起源於蘇格蘭，以大量奶油和小麥麵粉製作，不含蛋，只要四種簡單的材料就能做出酥鬆又充滿奶油香氣的經典茶點。這裡帶模去烤，外圍的餅乾會先上色，而中間餅體會較慢上色或慢熟；若使用家用烤箱因容量小，溫度較不平均，出爐後可分切完再將中間餅乾進行二次烤焙。

英式奶油酥餅

食材	重量 (g)	烘焙百分比 (%)
有鹽奶油	132	73.3
細砂糖	72	40
低筋麵粉	180	100
玉米粉	17	9.4
total	401g	222.7%

其他材料

特級白砂糖適量

作法

1 **主體**：有鹽奶油＋細砂糖，打發至奶油微微發白，加入低筋麵粉、玉米粉，拌勻。

2 **塑形**：取16cm正方形模具→烤模內鋪上烘焙紙→放入麵團→表面以小刮板抹平→用叉子戳洞→用刀具在表面劃上餅乾大小記號線。

3 **烘烤**：以上火160℃／下火160℃烤約35分鐘，取出，趁熱撒上特級白砂糖並沿記號線分切即可。

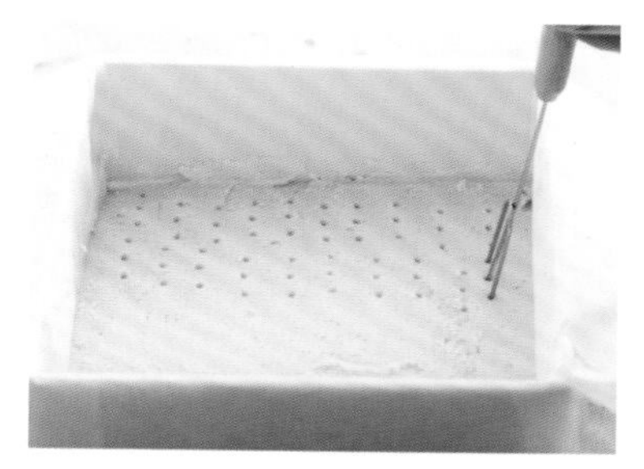

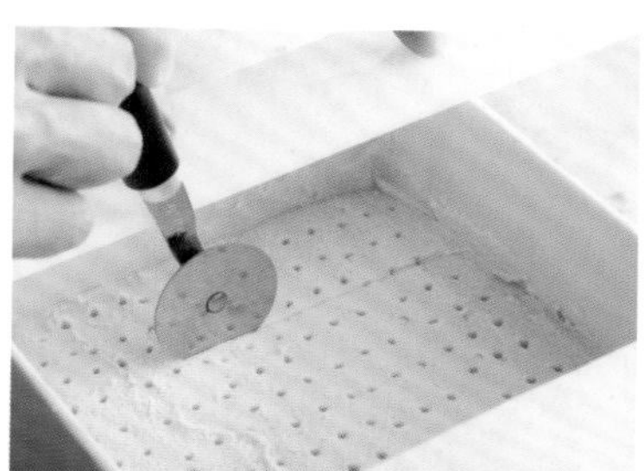

tips

奶油餡加入了酒類，整體水分增加，和餅乾體結合後，餅乾體會慢慢吸收餡料的水分而變軟，所以餅體則要選擇使用油比例較高之配方，即使回軟，口感還是會鬆軟化口，而油脂比例越高、粉量越少的配方，回軟後的口感會越像蛋糕口感。

蘭姆葡萄夾心

食材	重量 (g)	烘焙百分比 (%)
發酵奶油	145	72.5
糖粉	75	37.5
全蛋液	40	20
低筋麵粉	200	100
total	460g	230%

其他材料

- A 酒漬葡萄：葡萄乾50g、蘭姆酒30g
- B 白蘭地奶油餡：發酵奶油100g、葡萄糖粉45g、白蘭地7g
- C 全蛋液適量、杏仁片少許

作法

1. **主體**：發酵奶油＋糖粉，打發至奶油微微發白，加入全蛋液，攪拌至完全乳化，加入低筋麵粉，拌勻。
2. **塑形**：移進冰箱冷藏30分鐘→取出→擀成厚0.3cm的片狀→冷藏30分鐘→取出→以長方形框模壓出餅皮→表面刷上蛋水→待蛋水液風乾→刷第二次蛋水液→貼上杏仁片裝飾。
3. **烘烤**：以上火160℃／下火160℃烤約15分鐘，至表面均勻著色，取出冷卻。
4. **酒漬葡萄**：葡萄乾＋蘭姆酒，浸泡至充分吸收蘭姆酒，瀝乾。
5. **白蘭地奶油餡**：發酵奶油＋葡萄糖粉，充分打發至奶油發白，加入白蘭地拌勻成白蘭地奶油餡。

tips

為了要配合生巧克力香濃化口的口感，所以也搭配酥鬆性較高、化口性較好的餅乾體，所以餅乾體從鐵盤拿起時容易破裂，建議可使用烤盤布一起烤焙，拿取時較不易有破裂的情形。

生巧克力夾心餅乾

食材	重量 (g)	烘焙百分比 (%)
有鹽奶油	165	103.1
糖粉	70	43.8
杏仁粉	15	9.4
可可粉	33	20.6
高筋麵粉	160	100
玉米粉	10	6.3
total	453g	283.2%

其他材料

A 生巧克力：黑巧克力168g、動物性鮮奶油112g

B 巧克力適量

作法

1 主體：有鹽奶油＋糖粉，打發至奶油微微發白，加入杏仁粉、可可粉、高筋麵粉及玉米粉，拌勻，移進冰箱冷藏30分鐘→取出→擀成厚0.3cm的片狀→冷藏30分鐘→取出→用4.5cm正方形框模壓出餅皮，以上火160℃／下火160℃烤約15分鐘，取出冷卻。

2 生巧克力：黑巧克力切碎，隔水加熱煮融，加入動物性鮮奶油，拌勻，倒入鋪上烤焙紙的16cm正方形模具，移進冰箱冷藏至凝固，切成4cm正方形。

3 組合：巧克力切碎，隔水加熱煮融，取少許抹在巧克力餅乾內側，夾入生巧克力塊黏合即可。

生抹茶巧克力夾心

食材	重量 (g)	烘焙百分比 (%)
有鹽奶油	165	100
糖粉	70	42.4
杏仁粉	15	9.1
抹茶粉	28	17
高筋麵粉	165	100
玉米粉	10	6.1
total	453g	274.6%

其他材料

A 生抹茶巧克力：白巧克力168g、動物性鮮奶油112g、抹茶粉8g

B 白巧克力適量

作法

1 主體：有鹽奶油＋糖粉，打發至奶油微微發白，加入杏仁粉、抹茶粉、高筋麵粉及玉米粉，拌勻，移進冰箱冷藏30分鐘→取出→擀成厚0.3cm的片狀→冷藏30分鐘→取出→用4.5cm正方形框模壓出餅皮，以上火160℃／下火160℃烤約15分鐘，取出冷卻。

2 生抹茶巧克力：白巧克力切碎，隔水加熱煮融，加入抹茶粉拌均，再加入動物性鮮奶油，拌勻，倒入鋪上烤焙紙的16cm正方形模具，移進冰箱冷藏至凝固，切成4cm正方形。

3 組合：白巧克力切碎，隔水加熱煮融，取少許抹在抹茶餅乾內側，夾入生抹茶巧克力塊黏合即可。

tips

這裡示範兩款水果餡料口味的餅乾，餅乾體適合使用發酵奶油，奶香味較不那麼重，味道會比較清爽。

杏桃夾心餅乾

食材	重量 (g)	烘焙百分比 (%)
發酵奶油	160	100
糖粉	65	40.6
動物性鮮奶油	15	9.4
杏仁粉	28	17.8
玉米粉	30	18.8
高筋麵粉	160	100
total	458g	286.3%

其他材料

A 杏桃巧克力餡：白巧克力50g、發酵奶油35g、杏桃果醬15g

B 白巧克力適量、乾燥草莓碎粒少許

作法

1. **主體**：發酵奶油＋糖粉，打發至奶油微微發白，加入動物性鮮奶油，攪拌至完全乳化，加入杏仁粉、玉米粉及高筋麵粉，拌勻，移進冰箱冷藏30分鐘→取出→擀成厚0.3cm的片狀→冷藏30分鐘→取出→以長方形框模壓出餅皮，以上火160℃／下火160℃烤約13分鐘，取出冷卻。
2. **杏桃巧克力餡**：發酵奶油＋杏桃果醬，拌勻，加入切碎隔水加熱煮融的白巧克力醬，攪拌均勻，靜置冷卻，裝入擠花袋。
3. **組合**：取一半已冷卻的餅乾量，表面沾上切碎後隔水加熱煮融的白巧克力醬，趁熱撒上乾燥草莓碎粒裝飾，待冷卻凝固，擠上杏桃巧克力餡，另取一片沒裝飾的餅乾夾起即可。

黑醋栗夾心餅乾

食材	重量 (g)	烘焙百分比 (%)
發酵奶油	160	100
糖粉	65	40.6
鮮奶油	15	9.4
杏仁粉	28	17.5
玉米粉	30	18.8
高筋麵粉	160	100
total	458g	286.3%

其他材料

A 黑醋栗巧克力餡：白巧克力50g、發酵奶油35g、黑醋栗果醬15g

B 白巧克力適量、珍珠糖少許

作法

1. **主體**：發酵奶油＋糖粉，打發至奶油微微發白，加入動物性鮮奶油，攪拌至完全乳化，加入杏仁粉、玉米粉及高筋麵粉，拌勻，移進冰箱冷藏30分鐘→取出→擀成厚0.3cm的片狀→冷藏30分鐘→取出→以圓形框模壓出餅皮，以上火160℃／下火160℃烤約13分鐘，取出冷卻。
2. **黑醋栗巧克力餡**：發酵奶油＋黑醋栗果醬，拌勻，加入切碎隔水加熱煮融的白巧克力醬，攪拌均勻，靜置冷卻，裝入擠花袋。
3. **組合**：取一半已冷卻的餅乾量，表面沾上切碎後隔水加熱煮融的白巧克力醬，趁熱撒上珍珠糖裝飾，待冷卻凝固，擠上黑醋栗巧克力餡，另取一片沒裝飾的餅乾夾起即可。

tips

棉花糖要趁凝固前趕快操作，多餘的棉花糖可以一顆一顆的擠在撒滿玉米粉的盤子上，均勻地裹上玉米粉防沾黏即可。

約20支

覆盆子棉花糖夾心

食材	重量 (g)	烘焙百分比 (%)
有鹽奶油	180	80
糖粉	75	33.3
全蛋液	25	11.1
低筋麵粉	225	100
total	505g	224.4%

其他材料

A 蛋白餅麵糊：適量（作法參見P.163）

B 覆盆子棉花糖：蜂蜜35g、細砂糖112.5g、a水40g、葡萄糖漿27.5g、吉利丁片9g、b水25g、覆盆子果汁粉5g

C 覆盆子果醬

作法

1. **主體**：有鹽奶油＋糖粉，打發至奶油微微發白，加入全蛋液，攪拌至完全乳化，加入低筋麵粉，拌勻，移進冰箱冷藏30分鐘→取出→擀成厚0.2cm的片狀→冷藏30分鐘→取出→以直徑3.5cm圓形框模壓出餅皮，以上火160℃／下火150℃烤約12分鐘，取出冷卻，一半餅乾表面擠上蛋白餅麵糊，以上火100℃／下火100℃烤約15分鐘，取出冷卻。
2. **覆盆子棉花糖**：吉利丁片泡冰水，軟化後瀝乾水分；蜂蜜＋細砂糖＋a水，以中小火煮至110℃；葡萄糖漿＋b水煮滾，加入吉利丁片煮融，沖入蜂蜜糖水混勻，打發至濃稠狀，加入覆盆子果汁粉打到膨發，裝入擠花袋。
3. **組合**：覆盆子棉花糖趁熱擠在餅乾上，中間擠入覆盆子果醬，夾入棒棒糖紙棒，再擠一層覆盆子棉花糖，取另一片餅乾夾起即可。

約20支

檸檬柚子棉花糖夾心

食材	重量 (g)	烘焙百分比 (%)
有鹽奶油	180	80
糖粉	75	33.3
全蛋液	25	11.1
低筋麵粉	225	100
total	505g	224.4%

其他材料

A 蛋白餅麵糊：適量（作法參見P.163）

B 檸檬柚子棉花糖：蜂蜜35g、細砂糖112.5g、a水40g、葡萄糖漿27.5g、吉利丁片9g、b水25g、檸檬果汁粉5g、冷凍日本柚子皮2g

C 柚子果醬

作法

1. **主體**：有鹽奶油＋糖粉，打發至奶油微微發白，加入全蛋液，攪拌至完全乳化，加入低筋麵粉，拌勻，移進冰箱冷藏30分鐘→取出→擀成厚0.2cm的片狀→冷藏30分鐘→取出→以愛心模壓出餅皮，以上火160℃／下火150℃烤約12分鐘，取出冷卻，一半餅乾表面擠上蛋白餅麵糊，以上火100℃／下火100℃烤約15分鐘，取出冷卻。
2. **檸檬柚子糖棉花糖**：吉利丁片泡冰水，軟化後瀝乾水分；蜂蜜＋細砂糖＋a水，以中小火煮至110℃；葡萄糖漿＋b水煮滾，加入吉利丁片煮融，沖入蜂蜜糖水混勻，打發至濃稠狀，加入檸檬果汁粉和冷凍柚子皮，打到膨發，裝入擠花袋。
3. **組合**：檸檬柚子棉花糖趁熱擠在餅乾上，中間擠入柚子果醬，夾入棒棒糖紙棒，再擠一層檸檬柚子棉花糖，取另一片餅乾夾起即可。

碳焙卡魯瓦咖啡

食材	重量 (g)	烘焙百分比 (%)
有鹽奶油	60	40
細砂糖	110	73.3
全蛋液	50	33.3
咖啡酒	15	10
杏仁粉	60	40
低筋麵粉	150	100
動物性鮮奶油	27.5	18.3
即溶炭培咖啡粉	7.5	5
total	480g	319.9%

作法

1. 主體：有鹽奶油＋細砂糖，打發至奶油微微發白，分三次加入拌勻的全蛋液＋咖啡酒，攪拌至完全乳化，加入杏仁粉、低筋麵粉及即溶炭焙咖啡粉，拌勻，再加入動物性鮮奶油。
2. 塑形：裝入直徑0.8cm的平口圓花嘴擠花袋→擠12cm的長條狀。
3. 烘烤：以上火180℃／下火180℃烤12～15分鐘即可。

tips

此配方中的液態原料使用量接近麵團總量的 20%，所以如果液態原料一次加入，很容易會有油水分離的情形，所以作法 1 在粉類加入拌均後再將動物性鮮奶油加入攪拌，麵糊的融合度會更好。

義大利香料起司棒

食材	重量 (g)	烘焙百分比 (%)
有鹽奶油	115	54.8
糖粉	90	42.9
全蛋液	45	21.4
杏仁粉	20	9.5
起司粉	85	40.5
低筋麵粉	210	100
黑胡椒粒	1.5	0.7
total	566.5g	269.8%

其他材料

義大利香料適量、黑胡椒粒適量、起司粉適量

作法

1 **主體**：有鹽奶油＋糖粉，打發至奶油微微發白，分兩次加入全蛋液，攪拌至完全乳化，加入杏仁粉、起司粉、低筋麵粉及黑胡椒粒，拌勻。

2 **塑形**：移進冰箱冷藏30分鐘→取出→擀成厚0.9cm的片狀→表面撒上義大利香料、黑胡椒粒及起司粉，輕壓→冷藏30分鐘→取出→切成長10cm×寬1cm的條狀。

3 **烘烤**：以上火160℃／下火150℃烤約25分鐘即可。

tips

麵團擀成片狀後，可待麵團稍稍回軟再撒上裝飾粉類材料，與麵團附著力才會好，或者也可噴點水在表面，這樣附著力會更好，沾附的裝飾粉類材料量也會更多。

tips

做餅乾或塔皮時，戳洞用意在防止麵團烘烤後膨脹變形，尤其塔杯型餅體若膨脹，塔杯中的容量會變小，塔底餅皮也會往上凸，所以通常會戳洞防止。除了戳洞之外，配方中也可加入杏仁粉、玉米粉，全麥麵粉，胚芽燕麥，可阻斷麵團的組織，也是有效防止餅皮太過膨脹的方法。

焦糖核桃塔

食材	重量 (g)	烘焙百分比 (%)
有鹽奶油	80	66.7
糖粉	48	40
蛋白	12.5	10.4
蛋黃	12.5	10.4
杏仁粉	40	33.3
低筋麵粉	120	100
total	313g	260.8%

其他材料

焦糖核桃餡：細砂糖32g、水5g、麥芽糖漿30g、動物性鮮奶油38g、有鹽奶油4g、核桃283g

作法

1 **主體**：有鹽奶油＋糖粉，打發至奶油微微發白，分次加入蛋白液和蛋黃液，攪拌至完全乳化，加入杏仁粉、低筋麵粉，拌勻，移進冰箱冷藏30分鐘→取出→擀成厚0.2cm的片狀→冷藏30分鐘→以直徑比塔模略大的圓形框模壓出餅皮→鋪在塔模內壓勻→切除多餘邊緣→以叉子戳洞→以上火170℃／下火140℃烤15～18分鐘，取出待冷卻，脫模。

2 **焦糖核桃餡**：麥芽糖漿＋動物性鮮奶油，以中小火拌勻加熱至80℃；核桃以上火100℃／下火100℃烤熟，關火放在烤箱保溫；細砂糖＋水，以中小火煮至呈淡焦糖色，沖入麥芽糖鮮奶油，拌勻，以中小火煮至114℃，加入有鹽奶油，再加熱至114℃，加入核桃拌勻。

3 **組合**：趁熱將焦糖核桃餡放入塔皮中，靜置冷卻，以上火150℃／下火150℃再烤6～8分鐘即可。

tips

煮糖漿類製品必須使用銅鍋或者厚一點的不鏽鋼鍋才不易燒焦，也不適合用大鍋子煮少糖量，因為糖少溫度不易控制，容易造成糖漿燒焦，所以，這裡建議可一次煮一鍋糖，做多種口味的堅果塔。

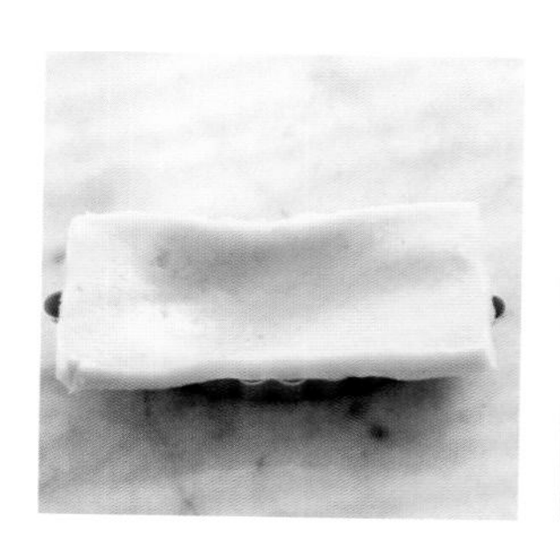

約20個

焦糖夏威夷豆船形塔

食材	重量 (g)	烘焙百分比 (%)
有鹽奶油	80	66.7
糖粉	48	40
蛋白	12.5	10.4
蛋黃	12.5	10.4
杏仁粉	40	33.3
低筋麵粉	120	100
total	313g	260.8%

其他材料

A 焦糖夏威夷豆餡：細砂糖32g、水5g、麥芽糖漿30g、動物性鮮奶油38g、有鹽奶油4g、夏威夷豆283g

B 蔓越莓果乾適量

作法

1 **主體**：有鹽奶油＋糖粉，打發至奶油微微發白，分次加入蛋白液和蛋黃液，攪拌至完全乳化，加入杏仁粉、低筋麵粉，拌勻，移進冰箱冷藏30分鐘→取出→擀成厚0.2cm的片狀→冷藏30分鐘→切出略大於船形模的長方形餅皮→鋪在船形塔模內壓勻→切除多餘邊緣→以叉子戳洞→以上火170℃／下火140℃烤15～18分鐘，取出待冷卻，脫模。

2 **焦糖夏威夷豆餡**：麥芽糖漿＋動物性鮮奶油，以中小火拌勻加熱至80℃；夏威夷豆以上火100℃／下火100℃烤熟，關火放在烤箱保溫；細砂糖＋水，以中小火煮至呈淡焦糖色，沖入麥芽糖鮮奶油，拌勻，以中小火煮至114℃，加入有鹽奶油，再加熱至114℃，加入夏威夷豆拌勻。

3 **組合**：趁熱將焦糖夏威夷豆餡放入船形塔皮中，撒上蔓越莓果乾，靜置冷卻，以上火150℃／下火150℃再烤6～8分鐘即可。

tips

煮糖漿過程中所加入的原料都必須加熱後再加入（如堅果類要烤香保溫），若是加入常溫或是低溫原料，糖漿容易降溫，一但降溫，則會立即固化，材料則無法繼續融合拌煮。

焦糖堅果可可酥餅

食材	重量 (g)	烘焙百分比 (%)
有鹽奶油	125	67.6
糖粉	55	29.7
黑糖粉	30	16.2
全蛋液	58	31 .4
低筋麵粉	185	100
可可粉	25	13.5
total	478g	258.4%

其他材料

A 焦糖堅果餡：細砂糖32g、水5g、麥芽糖漿30g、動物性鮮奶油38g、有鹽奶油4g、胡桃67g、杏仁豆67g、榛果67g、腰果83g

B 白巧克力適量

作法

1 **主體**：有鹽奶油＋糖粉＋黑糖粉，打發至奶油微微發白，分兩次加入全蛋液，攪拌至完全乳化，加入低筋麵粉、可可粉，拌勻，裝入2.5cm半排鋸齒花嘴擠花袋→每一組擠兩排→修除邊緣→以上火170℃／下火160℃烤約15分鐘，取出待冷卻。

2 **焦糖堅果餡**：麥芽糖漿＋動物性鮮奶油，以中小火拌勻加熱至80℃；綜合堅果以上火100℃／下火100℃烤熟，關火放在烤箱保溫；細砂糖＋水，以中小火煮至呈淡焦糖色，沖入麥芽糖鮮奶油，拌勻，以中小火煮至114℃，加入有鹽奶油，再加熱至114℃，加入綜合堅果拌勻。

3 **組合**：趁熱將焦糖堅果餡放入可可酥餅上，靜置冷卻，以上火150℃／下火150℃再烤6～8分鐘，取出冷卻；白巧克力切碎後隔水加熱煮融，裝入擠花袋中，在堅果上劃出線條裝飾即可。

義式辣味乳酪餅

食材	重量 (g)	烘焙百分比 (%)
發酵奶油	125	97.7
細砂糖	60	46.9
鹽	2	1.6
全蛋液	25	19.5
杏仁粉	25	19.5
低筋麵粉	128	100
起司粉	45	35.2
番茄粉	5	3.9
匈牙利紅椒粉	3	2.3
黑胡椒粒	3	2.3
義大利香料	1	0.8
起司片	16	12.5
total	438g	342.2%

作法

1. **主體**：發酵奶油＋細砂糖＋鹽，打發至奶油微微發白，加入全蛋液，攪拌至完全乳化，加入杏仁粉、低筋麵粉、起司粉、番茄粉、匈牙利紅椒粉、黑胡椒粒及義大利香料，稍微拌勻，再加入切碎的起司片，拌勻。
2. **塑形**：裝入0.8cm平口圓花嘴擠花袋→擠成6cm長條。
3. **烘烤**：以上火170℃／下火170℃烤約15分鐘即可。

tips

起司口味的餅乾最常使用的原物料為起司粉，這裡在配方中加入切碎的起司片，除了能增加起司風味及多重口感，也可增加餅乾視覺豐富度。

菠菜海苔餅乾

食材	重量 (g)	烘焙百分比 (%)
有鹽奶油	130	70.3
糖粉	65	35.1
全蛋液	40	21.6
柴魚粉	2.5	1.4
杏仁粉	15	8.1
起司粉	20	10.8
玉米粉	6	3.2
低筋麵粉	185	100
菠菜粉	1.5	0.8
海苔粉	2.5	1.4
total	467.5g	252.7%

作法

1 主體：有鹽奶油＋糖粉，打發至奶油微微發白，全蛋液＋柴魚粉拌勻，分兩次加入，攪拌至完全乳化，加入杏仁粉、起司粉、玉米粉、低筋麵粉、菠菜粉及海苔粉，拌勻。

2 塑形：移進冰箱冷藏30分鐘→取出→擀成厚0.3cm的片狀→冷藏30分鐘→以造型模具壓出餅皮。

3 烘烤：以上火170℃／下火170℃烤約12分鐘即可。

tips

餅乾配方中使用的柴魚粉，雖為固態粉性原料，但若和麵粉一同加入配方，則無法均勻分佈在麵團中，所以必須先和液態原料攪拌均勻再加入，味道才能充分被突顯出來。

咖哩酥餅

食材	重量 (g)	烘焙百分比 (%)
發酵奶油	125	75.8
細砂糖	92	55.8
鹽	2	1.2
蛋黃液	25	15.2
低筋麵粉	165	100
起司粉	35	21.2
咖哩粉	9	5.5
匈牙利紅椒粉	1	0.6
熟黑芝麻	12	7.3
熟白芝麻	4	2.4
玉米片	16	9.7
total	486g	294.7%

作法

1. **主體**：發酵奶油＋細砂糖＋鹽，打發至奶油微微發白，加入蛋黃液，攪拌至完全乳化，加入低筋麵粉、起司粉、咖哩粉、匈牙利紅椒粉及熟黑、白芝麻，稍微拌勻，加入玉米片，拌勻。
2. **塑形**：移進冰箱冷藏30分鐘→取出→整形成長條狀→冷藏3～4小時，至麵團變硬→切成厚0.7cm的片狀。
3. **烘烤**：以上火170℃／下火160℃烤約15分鐘即可。

tips

玉米片的質地較硬又比較大片，所以麵團在塑形時要確實壓緊實，如果沒有壓緊實，在切片時玉米片容易鬆散，成品表面也易造成空洞。

約40片

墨魚乳酪餅

食材	重量 (g)	烘焙百分比 (%)
有鹽奶油	110	64.7
糖粉	80	47.1
全蛋液	35	20.6
低筋麵粉	170	100
起司粉	75	44.1
墨魚粉	10	5.9
紅椒粉	4	2.4
核桃	30	17.6
高熔點起司小丁	25	14.7
total	539g	317.1%

作法

1 **主體**：有鹽奶油＋糖粉，打發至奶油微微發白，加入全蛋液，攪拌至完全乳化，加入低筋麵粉、起司粉、墨魚粉及紅椒粉，稍微拌勻，加入核桃、高熔點起司小丁，拌勻。

2 **塑形**：移進冰箱冷藏30分鐘→取出→整形成長條狀→冷藏3～4小時，至麵團變硬→切成厚0.7cm的片狀。

3 **烘烤**：以上火170℃／下火160℃烤約15分鐘即可。

tips

為了要保持高熔點起司的顆粒完整性，這裡先切成 0.3 cm的小丁，最後和核桃一起加入麵團中，不宜過度攪拌，較能完整呈現起司的口感和味道。

約35片

蔓越莓餅乾

食材	重量 (g)	烘焙百分比 (%)
發酵奶油	110	62.9%
細砂糖	80	45.7%
蛋白液	25	14.3%
低筋麵粉	175	100%
玉米粉	10	5.7%
蔓越莓乾	55	31.4%
total	455g	260%

作法

1. **主體**：發酵奶油＋細砂糖，打發至奶油微微發白，加入蛋白液，攪拌至完全乳化，加入低筋麵粉、玉米粉，稍微拌勻，加入蔓越莓果乾，拌勻。
2. **塑形**：移進冰箱冷藏30分鐘→取出→整形成圓柱狀→冷藏3～4小時，至麵團變硬→切成厚0.5cm的片狀。
3. **烘烤**：以上火160℃／下火150℃烤約15分鐘即可。

tips

製作水果類餅乾除了可使用發酵奶油來製作外，在蛋液的使用也可加入蛋白液，除了不影響水果風味外，還能保持餅乾的色澤較白。此外，在油糖攪拌時盡量打發，塑形時也不要過度揉壓使麵團變紮實，這樣也會使餅乾烤焙時較不易上色。

花生亞麻籽餅乾

食材	重量 (g)	烘焙百分比 (%)
有鹽奶油	65	35.1
花生醬	35	18.9
二號砂糖	45	24.3
糖粉	45	24.3
全蛋液	32	17.3
低筋麵粉	185	100
花生粉	15	8.1
亞麻籽	50	27
total	472g	255%

作法

1 **主體**：有鹽奶油＋花生醬＋二號砂糖＋糖粉，打發至奶油微微發白，加入全蛋液，攪拌至完全乳化，加入低筋麵粉、花生粉及亞麻籽，拌勻。
2 **塑形**：移進冰箱冷藏30分鐘→取出→整形成長條狀→冷藏3～4小時，至麵團變硬→切成厚0.5cm的片狀。
3 **烘烤**：以上火170℃／下火160℃烤約15分鐘即可。

tips

市面上花生醬品質不一，可選擇油脂含量較高，成分較天然、味道較濃郁的花生醬使用，而製作花生口味的餅乾可搭配二號砂糖或黑糖粉，都可有效提升花生風味。

约35片

咖啡夏威夷豆餅乾

食材	重量 (g)	烘焙百分比 (%)
有鹽奶油	110	73.3
糖粉	75	50
動物性鮮奶油	35	23.3
咖啡粉	20	13.3
低筋麵粉	150	100
夏威夷豆	60	40
total	450g	299.9%

作法

1 **主體**：有鹽奶油＋糖粉，打發至奶油微微發白，加入調勻的動物性鮮奶油＋咖啡粉，攪拌至完全乳化，加入低筋麵粉，稍微拌勻，加入夏威夷豆，拌勻。

2 **塑形**：移進冰箱冷藏30分鐘→取出→整形成長條狀→冷藏3～4小時，至麵團變硬→切成厚0.5cm的片狀。

3 **烘烤**：以上火170℃／下火160℃烤約15分鐘即可。

tips

配方中若有使用咖啡粉，可先和液態原料攪拌融勻，除了能使咖啡粉均勻融合在麵團中之外，咖啡粉的味道才會散發甦醒開來。

黑糖核桃餅乾

食材	重量 (g)	烘焙百分比 (%)
有鹽奶油	100	52.6
黑糖粉	45	23.7
細砂糖	45	23.7
全蛋液	30	15.8
低筋麵粉	190	100
核桃	55	28.9
total	465g	244.7%

作法

1 主體：有鹽奶油＋黑糖粉＋細砂糖，打發至奶油微微發白，加入全蛋液，攪拌至完全乳化，加入低筋麵粉，稍微拌勻，加入核桃，拌勻。

2 塑形：移進冰箱冷藏30分鐘→取出→整形成長條狀→冷藏3～4小時，至麵團變硬→切成厚0.5cm的片狀。

3 烘烤：以上火170℃／下火160℃烤約15分鐘即可。

tips

餅乾麵團在塑形前必須經過冷藏這道動作，主要是麵團在低溫狀態下塑形較不易有出筋的情況，有出筋的狀態時，麵團表面會滲油出來，質地會有一點緊實，烤好的餅乾體口感會較紮實，外觀顏色也會較暗沉。

巧克力杏仁餅乾

食材	重量 (g)	烘焙百分比 (%)
有鹽奶油	110	78.6
糖粉	70	50
全蛋液	35	25
低筋麵粉	140	100
可可粉	30	21.4
小蘇打粉	2	1.4
杏仁片	55	39.3
total	442g	315.7%

作法

1 **主體**：有鹽奶油＋糖粉，打發至奶油微微發白，加入全蛋液，攪拌至完全乳化，加入低筋麵粉、可可粉及小蘇打粉，稍微拌勻，加入杏仁片，拌勻。

2 **塑形**：移進冰箱冷藏30分鐘→取出→整形成長條狀→冷藏3～4小時，至麵團變硬→切成厚0.5cm的片狀。

3 **烘烤**：以上火170℃／下火160℃烤約15分鐘即可。

tips

市售的杏仁片在厚度上會有差別，而通常較薄的杏仁片在購入時就會有較多碎片，盡量選擇杏仁片外觀較完整，厚度較厚的使用，除了餅乾切面杏仁片會較完整外，口感也會較明顯。

約45片

抹茶巧克力豆餅乾

食材	重量 (g)	烘焙百分比 (%)
有鹽奶油	145	72.5
糖粉	75	37.5
全蛋液	40	20
低筋麵粉	200	100
抹茶粉	15	7.5
杏仁粉	20	10
高熔點巧克力豆	45	22.5
total	540g	270%

作法

1 **主體**：有鹽奶油＋糖粉，打發至奶油微微發白，加入全蛋液，攪拌至完全乳化，加入低筋麵粉、抹茶粉及杏仁粉，稍微拌匀，加入高熔點巧克力豆，拌匀。

2 **塑形**：移進冰箱冷藏30分鐘→取出→整形成圓柱狀→冷藏3～4小時，至麵團變硬→切成厚0.5cm的片狀。

3 **烘烤**：以上火170℃／下火160℃烤約15分鐘即可。

tips

製作冰箱小西餅加入的果粒、堅果或副材料硬度越硬，切片時麵團的硬度也要越硬，切出來較不易變形，而要使麵團變硬除了降低麵團溫度使硬度增加外，配方中所使用的油脂成分比例越高，麵團在冷藏後的硬度也會隨之增加，相對糖類及粉類之比例越高，麵團冷藏後之硬度也會越低。

tips

此配方的糖和粉類比例較高，攪拌完成的麵團較不黏手，不需冷藏立即就可擀壓操作，操作過程也不侷限在麵團回溫前完成，所以非常適合親子一起製作。而通常糖和粉類比例較高之配方，液態原料相對也要增加，主要功能是水分能讓澱粉糊化，提高餅乾化口性。

聖誕節造型巧克力餅乾

食材	重量 (g)	烘焙百分比 (%)
有鹽奶油	95	38.8
糖粉	105	42.9
全蛋液	55	22.4
低筋麵粉	245	100
玉米粉	25	10.2
杏仁粉	10	4.1
可可粉	15	6.1
total	550g	224.5%

其他材料

適量的黑巧克力、白巧克力、牛奶巧克力、珍珠糖、裝飾糖片、裝飾糖珠

作法

1 **主體**：有鹽奶油＋糖粉，打發至奶油微微發白，分兩次加入全蛋液，攪拌至完全乳化，加入低筋麵粉、玉米粉、杏仁粉及可可粉，拌勻。

2 **塑形**：擀成厚0.3cm的片狀→用星星、小熊、聖誕樹、雪花造型餅乾模壓出餅皮。

3 **烘烤**：以上火170℃／下火160℃烤15～18分鐘，取出冷卻。（所有巧克力切碎，隔水加熱煮融，備用。）

4 **星星組合**：兩片星星餅乾以白巧力醬為黏著劑，夾入木頭攪拌棒，定型後表面淋覆白巧克力醬，趁熱撒上裝飾糖珠。

5 **小熊組合**：兩片小熊餅乾以牛奶巧力醬為黏著劑，夾入木頭攪拌棒，定型後表面淋覆牛奶巧克力醬，冷卻凝固後以黑巧克力擠上小熊五官。

6 **雪花組合**：雪花餅乾淋覆白巧克力醬，趁熱撒上珍珠糖。

7 **聖誕樹組合**：聖誕樹餅乾淋覆黑巧克力醬，冷卻凝固後以白巧克力醬擠上線條，趁熱撒上裝飾物糖片即可。

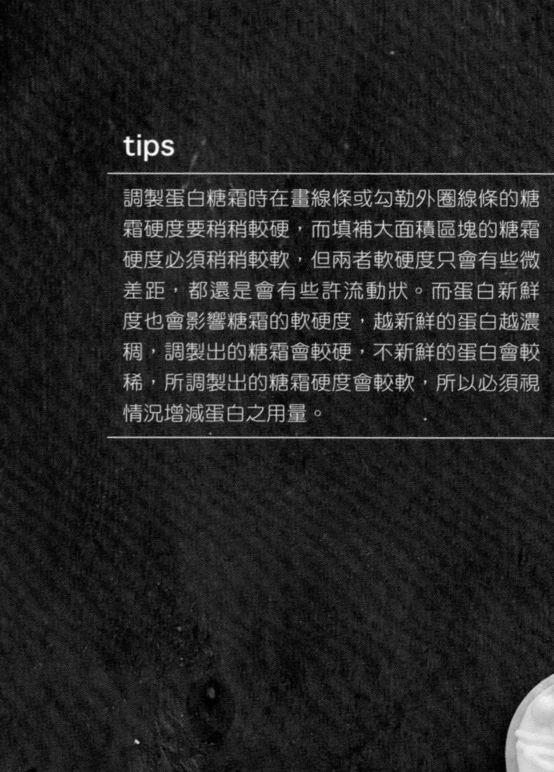

tips

調製蛋白糖霜時在畫線條或勾勒外圈線條的糖霜硬度要稍稍較硬，而填補大面積區塊的糖霜硬度必須稍稍較軟，但兩者軟硬度只會有些微差距，都還是會有些許流動狀。而蛋白新鮮度也會影響糖霜的軟硬度，越新鮮的蛋白越濃稠，調製出的糖霜會較硬，不新鮮的蛋白會較稀，所調製出的糖霜硬度會較軟，所以必須視情況增減蛋白之用量。

婚禮造型糖霜餅乾

食材	重量 (g)	烘焙百分比 (%)
有鹽奶油	120	48
糖粉	90	36
全蛋液	55	22
低筋麵粉	250	100
杏仁粉	20	8
total	535g	214%

其他材料

A 蛋白糖霜：蛋白15g、純糖粉100g、食用色素微量

B 裝飾糖珠適量

作法

1 **主體**：有鹽奶油＋糖粉，打發至奶油微微發白，分兩次加入全蛋液，攪拌至完全乳化，加入低筋麵粉、杏仁粉，拌勻。

2 **塑形**：移進冰箱冷藏30分鐘→取出→擀成厚0.3cm的片狀→冷藏30分鐘→取出→用婚禮造型餅乾模壓出餅皮。

3 **烘烤**：以上火160℃／下火160℃烤16～18分鐘，取出冷卻。

4 **蛋白糖霜**：蛋白倒入純糖粉中拌勻，視濃稠度增減蛋白量，依個人喜好加入食用色素調色，裝入三明治袋或白報紙摺的擠花袋，剪出小開口。

5 **組合**：先將蛋白糖霜繞著餅乾外圈勾勒出輪廓，凝固後開始填中間區塊，避免糖霜流出想彩繪的區塊，凝固前可撒上裝飾糖珠，凝固後可再疊繪上線調或寫字即可。不需再烤。

part 4

酥 脆 類 餅 乾

配方中油和糖同量的餅乾，口感酥脆，很適合做薄餅或者夾心類餅乾，如：草莓戀人夾心、貓舌餅乾、桃酥等～

tips

組合薄餅時，可利用塑形用的方形模片，將烤好的薄餅放在方框內輔助固定，用抹刀將內餡抹在餅體上，再疊另一片薄餅夾起。

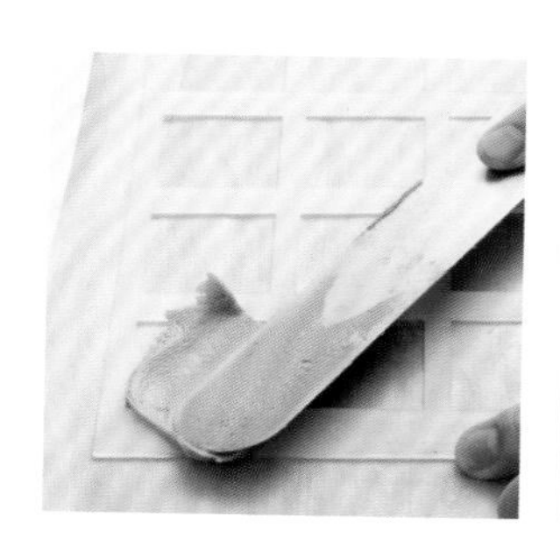

草莓戀人夾心

食材	重量 (g)	烘焙百分比 (%)
融化的有鹽奶油	115	95.8
糖粉	95	79.2
全蛋液	35	29.2
動物性鮮奶油	20	16.7
低筋麵粉	120	100
玉米粉	35	29.2
total	420g	350.1%

其他材料

草莓巧克力餡：白巧克力65g、發酵奶油20g、草莓果汁粉7g

作法

1 **主體**：糖粉＋全蛋液＋動物性鮮奶油，攪拌均勻，加入低筋麵粉、玉米粉，拌勻，加入融化的有鹽奶油，拌勻，移進冰箱冷藏30分鐘。
2 **塑形**：將麵糊抹入方形模片，刮平，拉開模片。
3 **烘烤**：以上火190℃／下火170℃烤約8分鐘，取出冷卻。
4 **草莓巧克力餡**：白巧克力切碎後隔水煮融，加入發酵奶油、草莓果汁粉，拌勻，靜置冷卻。
5 **組合**：將草莓巧克力餡抹在薄餅上，以另一片薄餅夾起即可。

抹茶戀人夾心

食材	重量 (g)	烘焙百分比 (%)
融化的有鹽奶油	115	109.5
糖粉	95	90.5
全蛋液	35	33.3
動物性鮮奶油	20	19
低筋麵粉	105	100
抹茶粉	15	14.3
玉米粉	35	33.3
total	420g	399.9%

其他材料

抹茶巧克力餡：白巧克力65g、有鹽奶油20g、抹茶粉5g

作法

1 **主體**：糖粉＋全蛋液＋動物性鮮奶油，攪拌均勻，加入低筋麵粉、抹茶粉及玉米粉，拌勻，加入融化的有鹽奶油，拌勻，移進冰箱冷藏30分鐘。
2 **塑形**：將麵糊抹入方形模片，刮平，拉開模片。
3 **烘烤**：以上火190℃／下火170℃烤約8分鐘，取出冷卻。
4 **抹茶巧克力餡**：白巧克力切碎後隔水煮融，加入有鹽奶油、抹茶粉，拌勻，靜置冷卻。
5 **組合**：將抹茶巧克力餡抹在薄餅上，以另一片薄餅夾起即可。

tips

這裡的配方為糖油同量，烤出來的餅乾體會比較膨脹，當糖量比例越高，烤出成品的膨脹係數會越大，而餅乾體相對也會較硬，做成夾心薄片較不易破碎，所以麵團厚度可擀薄一點。若油脂比例越高，膨脹係數就會越小，而餅乾體也會越酥鬆，容易破碎，所以製作成夾心餅乾則可擀厚一點。

約25組

白蘭地巧克夾心

食材	重量 (g)	烘焙百分比 (%)
有鹽奶油	150	57.7
糖粉	150	57.7
動物性鮮奶油	50	19.2
低筋麵粉	260	100
杏仁粉	70	26.9
total	680g	261.5%

其他材料

A 白蘭地巧克力甘那許：動物性鮮奶油45g、黑巧克力40g、糖粉15g、有鹽奶油7.5g、白蘭地5g、吉利丁片0.5g

B 蛋水適量

作法

1 **主體**：有鹽奶油＋糖粉，打發至奶油微微發白，分兩次加入動物性鮮奶油，攪拌至完全乳化，加入低筋麵粉、杏仁粉，拌勻。

2 **塑形**：移進冰箱冷藏30分鐘→取出→擀成厚0.2cm的片狀→冷藏30分鐘→取出→用造型餅乾模型壓出餅皮，其中一半再壓出心型挖空→刷上蛋水風乾→再刷第二次蛋水。

3 **烘烤**：以上火160℃／下火150℃烤約15分鐘，取出冷卻。

4 **白蘭地巧克力甘那許**：動物性鮮奶油以中小火煮滾，熄火加入泡軟後擠乾水分的吉利丁，拌勻，加入切碎的黑巧克力隔水加熱拌至融化，加入糖粉、有鹽奶油，拌勻，降溫後加入白蘭地拌勻。

5 **組合**：將白蘭地甘那許裝入擠花袋，擠在沒挖空的餅乾上，以另一片有挖空的餅乾夾起即可。

約25組

牛奶糖巧克夾心

食材	重量 (g)	烘焙百分比 (%)
有鹽奶油	150	62.5
糖粉	150	62.5
動物性鮮奶油	50	20.8
低筋麵粉	240	100
可可粉	20	8.3
小蘇打粉	2	0.8
杏仁粉	70	29.2
total	682g	284.1%

其他材料

A 咖啡牛奶糖：細砂糖75g、動物性鮮奶油100g、麥芽糖72g、有鹽奶油8g、咖啡粉1.5g

B 蛋水適量

作法

1 **主體**：有鹽奶油＋糖粉，打發至奶油微微發白，分兩次加入動物性鮮奶油，攪拌至完全乳化，加入低筋麵粉、可可粉、小蘇打粉及杏仁粉，拌勻。

2 **塑形**：移進冰箱冷藏30分鐘→取出→擀成厚0.2cm的片狀→冷藏30分鐘→取出→用造型餅乾模型壓出餅皮，其中一半再壓出心型挖空→刷上蛋水風乾→再刷第二次蛋水。

3 **烘烤**：以上火160℃／下火150℃烤約15分鐘，取出冷卻。

4 **咖啡牛奶糖**：所有材料先攪拌均勻，再以中小火煮至115℃，熄火降溫冷卻。

5 **組合**：將咖啡牛奶糖裝入擠花袋，擠在沒挖空的餅乾上，以另一片有挖空的餅乾夾起即可。

tips

想捲玫瑰型薄餅時，第一次烘烤不能烤到熟，要讓麵糊還有軟度可捲，冷卻定型後再回烤箱烤熟。

約25片

玫瑰咖啡薄餅

食材	重量 (g)	烘焙百分比 (%)
融化的有鹽奶油	100	111.1
糖粉	100	111.1
動物性鮮奶油	20	22.2
蛋白液	100	111.1
咖啡粉	10	11.1
低筋麵粉	90	100
杏仁粉	20	22.2
total	440g	488.8%

其他材料

黑巧克力適量

作法

1. **主體**：動物性鮮奶油＋蛋白液＋咖啡粉，攪拌均勻，加入糖粉拌勻，加入低筋麵粉、杏仁粉，拌勻，加入融化的有鹽奶油，拌勻。
2. **塑形**：麵糊裝入寬1.5cm、厚度約0.1cm的半排鋸齒花嘴擠花袋，擠長約15cm的長條。
3. **烘烤**：以上火190℃／下火190℃烤約6分鐘，至手可拿起的狀態，用筷子把薄餅條捲起，利用道具輔助固定花形，待冷卻定型，以上火130℃／下火130℃回烤約8分鐘，取出冷卻。
4. **組合**：黑巧克力切碎後隔水煮融，將花形薄餅底部1/3沾上黑巧克力醬即可。

約25片

玫瑰可可薄餅

食材	重量 (g)	烘焙百分比 (%)
融化的有鹽奶油	100	111.1
糖粉	100	111.1
動物性鮮奶油	20	22.2
蛋白液	100	111.1
低筋麵粉	90	100
可可粉	10	11.1
小蘇打粉	1	1.1
杏仁粉	20	22.2
total	441g	489.8%

其他材料

白巧克力適量

作法

1. **主體**：動物性鮮奶油＋蛋白液，攪拌均勻，加入糖粉拌勻，加入低筋麵粉、可可粉、小蘇打粉及杏仁粉，拌勻，加入融化的有鹽奶油，拌勻。
2. **塑形**：麵糊裝入寬1.5cm、厚度約0.1cm的半排鋸齒花嘴擠花袋，擠長約15cm的長條。
3. **烘烤**：以上火190℃／下火190℃烤約6分鐘，至手可拿起的狀態，用筷子把薄餅條捲起，利用道具輔助固定花形，待冷卻定型，以上火130℃／下火130℃回烤約8分鐘，取出冷卻。
4. **組合**：白巧克力切碎後隔水煮融，將花形薄餅底部1/3沾上白巧克力醬即可。

貓舌餅乾

食材	重量 (g)	烘焙百分比 (%)
有鹽奶油	100	111.1
糖粉	110	122.2
蛋白液	35	38.9
動物性鮮奶油	10	11.1
低筋麵粉	90	100
椰子粉	55	61.1
玉米粉	10	11.1
total	410g	455.5%

其他材料

椰子粉適量

作法

1 **主體**：有鹽奶油＋糖粉，打發至奶油微微發白，分兩次加入蛋白液、動物性鮮奶油，攪拌至完全乳化，加入低筋麵粉、椰子粉及玉米粉，拌勻。

2 **塑形**：麵糊裝入直徑0.8cm的平口圓花嘴擠花袋，擠長約4.5cm的長條，表面撒少許椰子粉。

3 **烘烤**：以上火190℃／下火170℃烤約8分鐘即可。

tips

源自於法國的貓舌餅乾（langues de chat），其實就是薄餅類的一種，利用平口花嘴擠出平長條狀、烤出餅乾會呈現薄片長橢圓形，就像是貓舌頭的形狀，傳統做法材料有奶油、糖粉、蛋白和低筋麵粉，也因為油糖比例相當並使用蛋白，所以口感會偏較脆一點，書中的配方則添加椰子粉增加香氣。

海苔脆餅

食材	重量 (g)	烘焙百分比 (%)
融化的有鹽奶油	80	94.1
糖粉	100	117.6
蛋白液	65	76.5
低筋麵粉	85	100
玉米粉	15	17.6
海苔粉	6	7.1
total	351g	412.9%

作法

1 **主體**：蛋白液＋糖粉，攪拌均勻，加入低筋麵粉、玉米粉及海苔粉，拌勻，加入融化的有鹽奶油，拌勻。

2 **塑形**：麵糊裝入直徑0.8cm的平口圓花嘴擠花袋，擠出圓點狀。

3 **烘烤**：以上火190℃／下火180℃烤約8分鐘即可。

tips

海苔脆餅以中心點最厚，往外擴散變薄，烘烤時只要烤到外圍上色，但中間還是淺色的狀態，否則邊緣會過焦，所以烘烤時的溫度要較高。

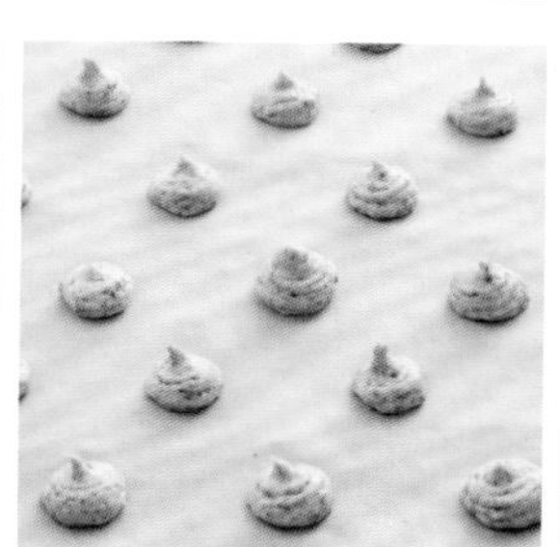

tips

雙色餅乾的麵團配方結構最好一致，因為麵團結構會影響切片後變形程度、上色度、膨脹度及烘焙溫度和時間，條件相同的麵團性質較能烤出搭配合宜的成品狀態。

約60片

南瓜雙色餅乾

南瓜麵團材料

食材	重量 (g)	烘焙百分比 (%)
有鹽奶油	135	56.3
糖粉	135	56.3
全蛋液	50	20.8
低筋麵粉	240	100
南瓜粉	30	12.5
total	590g	245.9%

可可麵團材料

食材	重量 (g)	烘焙百分比 (%)
有鹽奶油	95	57.6
糖粉	95	57.6
全蛋液	35	21.2
低筋麵粉	165	100
可可粉	25	15.2
小蘇打	1.5	0.9
total	416.5g	252.5%

其他材料

蛋白液適量

作法

1. **南瓜麵團**：有鹽奶油＋糖粉，打發至奶油微微發白，分兩次加入全蛋液，攪拌至完全乳化，加入低筋麵粉、南瓜粉，拌勻。
2. **可可麵團**：有鹽奶油＋糖粉，打發至奶油微微發白，分兩次加入全蛋液，攪拌至完全乳化，加入低筋麵粉、可可粉及小蘇打粉，拌勻。
3. **塑形**：兩種麵團都先移進冰箱冷藏30分鐘→取出→可可麵團整形成圓柱狀，冷凍至冰硬→取出南瓜麵團，擀成厚1cm的片狀，表面刷上蛋白液→放上可可麵團，捲起、包覆搓滾貼合→冷藏3～4小時至麵團變硬→取出→切成厚0.5cm的片狀→以花形壓模修邊。
4. **烘烤**：以上火170℃／下火160℃烤約22分鐘即可。

tips

冰箱小西餅常添加果粒呈現豐富度，但因材料不可能均勻分佈在麵團中，所以可挑選果粒較多的一面朝上當正面，增加餅乾價值感。

黑糖核桃雙色餅乾

黑糖核桃麵團材料

食材	重量 (g)	烘焙百分比 (%)
有鹽奶油	77	46.7
黑糖粉	80	48.5
牛奶	35	21.1
杏仁粉	20	12.1
低筋麵粉	165	100
核桃	55	33.3
total	432g	261.8%

可可麵團材料

食材	重量 (g)	烘焙百分比 (%)
有鹽奶油	135	57.4
糖粉	135	57.4
全蛋液	50	21.3
低筋麵粉	235	100
可可粉	35	14.9
小蘇打	2	0.9
total	592g	251.9%

其他材料

蛋白液適量

作法

1 **黑糖核桃麵團**：有鹽奶油＋黑糖粉，打發至奶油微微發白，加入牛奶，攪拌至完全乳化，加入低筋麵粉、杏仁粉，稍微拌勻，加入核桃，拌勻。

2 **可可麵團**：有鹽奶油＋糖粉，打發至奶油微微發白，分兩次加入全蛋液，攪拌至完全乳化，加入低筋麵粉、可可粉及小蘇打粉，拌勻。

3 **塑形**：兩種麵團都先移進冰箱冷藏30分鐘→取出→黑糖核桃麵團整形成方柱狀，冷凍至冰硬→取出可可麵團，擀成厚0.3cm的片狀，表面刷上蛋白液→放上黑糖核桃麵團，捲起、包覆貼合→冷藏3～4小時至麵團變硬→取出→切成厚0.5cm的片狀。

4 **烘烤**：以上火170℃／下火160℃烤約22分鐘即可。

黑芝麻雜糧餅乾

食材	重量 (g)	烘焙百分比 (%)
有鹽奶油	105	63.6
細砂糖	60	36.4
黑糖粉	40	24.2
全蛋液	35	21.2
雜糧粉	50	30.3
低筋麵粉	165	100
熟黑芝麻	28	17
燕麥片	15	9.1
total	498g	301.8%

作法

1 **主體**：有鹽奶油＋細砂糖＋黑糖粉，打發至奶油微微發白，分兩次加入全蛋液，攪拌至完全乳化，加入低筋麵粉雜糧粉、熟黑芝麻及燕麥片，拌勻。

2 **塑形**：移進冰箱冷藏30分鐘→取出→擀成厚0.3cm的片狀→冷藏30分鐘→以方型壓模壓出餅皮。

3 **烘烤**：以上火170℃／下火160℃烤約15分鐘即可。

tips

雜糧餅乾除了能使用雜糧麵包用的雜糧粉外，還可加入黑麥粉、裸麥粉、蕎麥粉、薏仁粉、黑豆粉等取代部份麵粉，再搭配雜糧穀物粒，即可製作出膳食纖維豐富又有營養價值的餅乾，配方中加入的黑芝麻則要選用烤熟或經炒焙的，香氣較香濃，如果買的是生芝麻，可先以低溫烘烤或乾鍋炒香。

咖啡杏仁豆餅乾

食材	重量 (g)	烘焙百分比 (%)
有鹽奶油	110	47.8
黑糖粉	35	15.2
糖粉	80	34.8
動物性鮮奶油	50	21.7
咖啡粉	30	13
低筋麵粉	230	100
杏仁果	80	34.8
total	615g	267.3%

作法

1. **主體**：有鹽奶油＋黑糖粉＋糖粉，打發至奶油微微發白，分兩次加入調勻的動物性鮮奶油＋咖啡粉，攪拌至完全乳化，加入低筋麵粉，稍微拌勻，加入杏仁果，拌勻。
2. **塑形**：移進冰箱冷藏30分鐘→取出→整形成圓柱狀→冷藏3～4小時，至麵團變硬→切成厚0.5cm的片狀。
3. **烘烤**：以上火170℃／下火160℃烤約15分鐘即可。

tips

塑形完成的冰箱小西餅麵團可用塑膠袋密封包裝好，放入冰箱冷凍保存，約可保存一個月，要烤焙前再移入冷藏，退冰後即可切片烤焙。

tips

桃酥源自山東，後在澳門風行而成為當地特產，所以在台灣常會看到山東桃酥或香港桃酥兩種名稱，傳統桃酥是使用豬油來製作，烤酥性很好，現在則多被酥油取代，若是不想使用酥油則可以無水奶油或豬油取代，但製作出之表面裂紋會較不明顯，但在味道及食材的健康天然性都會加分。

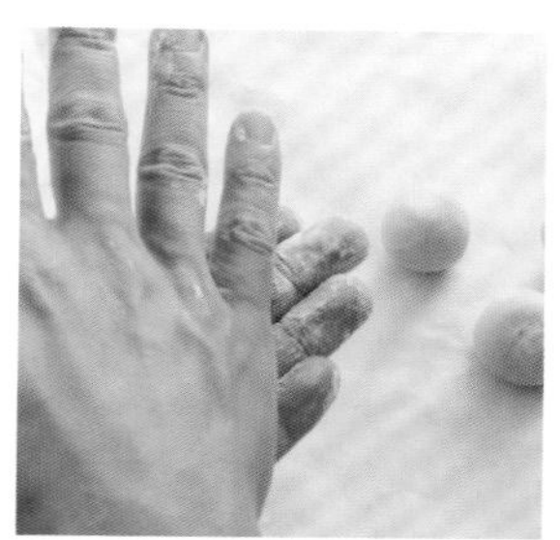
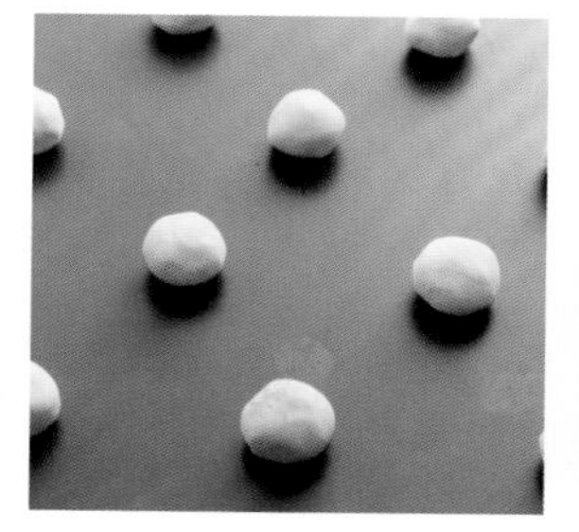
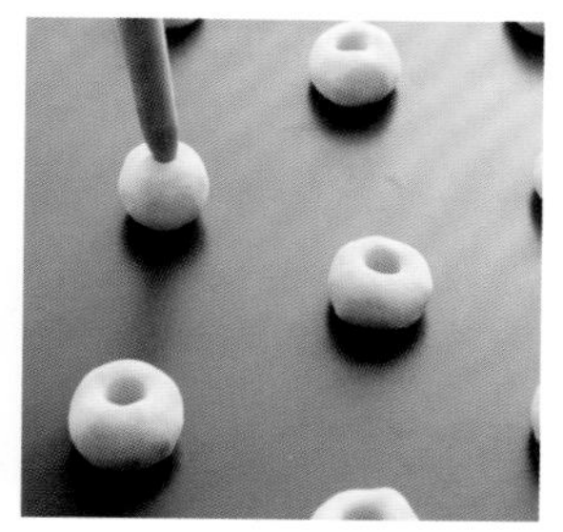

桃酥

食材	重量 (g)	烘焙百分比 (%)
酥油	135	71.1
細砂糖	145	76.3
全蛋液	35	18.4
小蘇打	3	1.6
泡打粉	3	1.6
高筋麵粉	190	100
杏仁粉	60	31.6
total	571g	300.6%

作法

1 主體：酥油＋細砂糖，打發至微微發白，加入全蛋液，攪拌至完全乳化，加入小蘇打、泡打粉、高筋麵粉及杏仁粉，拌勻。
2 塑形：分成30g→搓圓→用桿麵棍尖端在中心戳一個洞。
3 烘烤：以上火180℃／下火130℃烤約30分鐘即可。

胚芽桃酥

食材	重量 (g)	烘焙百分比 (%)
酥油	135	71.1
細砂糖	145	76.3
全蛋液	35	18.4
小蘇打	3	1.6
泡打粉	3	1.6
高筋麵粉	190	100
胚芽	60	31.6
total	571g	300.6%

作法

1 主體：酥油＋細砂糖，打發至微微發白，加入全蛋液，攪拌至完全乳化，加入小蘇打、泡打粉、高筋麵粉及胚芽粉，拌勻。
2 塑形：分成30g→搓圓→用桿麵棍尖端在中心戳一個洞。
3 烘烤：以上火180℃／下火130℃烤約30分鐘即可。

part 5

脆 硬 類 餅 乾

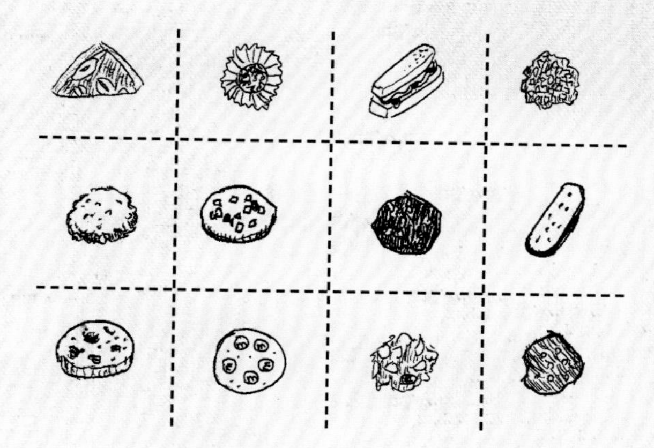

配方中油比糖少的餅乾，口感脆硬，適合搭配堅果或果乾，如：巧克力腰果餅乾、抹茶芝麻盾牌、紅糖核桃夾心棒、麗詩餅乾等～

tips

肉桂和巧克力兩個配方結構大致相同，但液態原料卻分別使用牛奶和動物性鮮奶油，在巧克力口味餅乾加入動物性鮮奶油不但能增加酥鬆度，還能增加牛奶風味，而將液態原料最後加入則可降低砂糖被溶解程度，可烤出較鬆脆的口感。

肉桂杏仁餅乾

食材	重量 (g)	烘焙百分比 (%)
有鹽奶油	75	34.9
黑糖粉	80	37.2
細砂糖	25	11.6
低筋麵粉	215	100
小蘇打	1	0.5
肉桂粉	4	1.9
杏仁片	110	51.2
牛奶	40	18.6
total	550g	255.9%

作法

1 **主體**：有鹽奶油＋黑糖粉＋細砂糖，打發至奶油微微發白，加入低筋麵粉、小蘇打粉、肉桂粉，拌勻，加入牛奶，稍微攪拌，加入杏仁片，拌勻。

2 **塑形**：整形成4cm正方條狀→冷藏3～4小時，至麵團變硬→切成厚0.7cm的片狀→對切成三角形。

3 **烘烤**：以上火170℃／下火160℃烤15～18分鐘即可。

巧克力腰果餅乾

食材	重量 (g)	烘焙百分比 (%)
有鹽奶油	75	40.5
黑糖粉	30	16.2
細砂糖	75	40.5
低筋麵粉	185	100
小蘇打粉	2	1.1
可可粉	25	13.5
腰果	55	29.7
動物性鮮奶油	50	27
total	497g	268.5%

作法

1 **主體**：有鹽奶油＋黑糖粉＋細砂糖，打發至奶油微微發白，加入低筋麵粉、小蘇打粉、可可粉，拌勻，加入動物性鮮奶油，稍微攪拌，加入腰果，拌勻。

2 **塑形**：整形成4cm正方條狀→冷藏3～4小時，至麵團變硬→切成厚0.7cm的片狀→對切成三角形。

3 **烘烤**：以上火170℃／下火160℃烤15～18分鐘即可。

tips

抹茶口味的餅乾不宜烤上色，若上色會過於暗沉。盾牌餅乾使用的特殊花嘴要將花嘴貼於鐵盤擠出後再拉起，若麵糊黏性太強，花嘴拉起時麵糊斷點會互相拉扯，嚴重影響麵糊成形的品質，為了降低麵糊的黏性，使用糖量較高的配方可有效降低麵糊黏性。

原味杏仁盾牌

食材	重量 (g)	烘焙百分比 (%)
有鹽奶油	100	55.6
糖粉	130	72.2
全蛋液	65	36.1
杏仁粉	10	5.6
玉米粉	13	7.2
高筋麵粉	180	100
total	498g	276.7%

其他材料

杏仁糖餡：有鹽奶油14g、細砂糖23g、蜂蜜8g、麥芽糖10g、動物性鮮奶油5g、杏仁角25g

作法

1 **主體**：有鹽奶油＋糖粉，打發至奶油微微發白，分兩次加入全蛋液，攪拌至完全乳化，加入杏仁粉、玉米粉及高筋麵粉，拌勻

2 **塑形**：麵團裝入特殊手工曲奇花嘴擠花袋，將花嘴貼著烤盤面，擠出中空造型麵團。

3 **杏仁糖餡**：有鹽奶油＋細砂糖＋蜂蜜＋麥芽糖＋動物性鮮奶油，混合均勻，以中小火加熱至所有材料融勻、沸騰，加入杏仁粒，拌勻，熄火冷卻，取適量放入造型麵團中空處。

4 **烘烤**：以上火150℃／下火150℃烤約18分鐘即可。

抹茶芝麻盾牌

食材	重量 (g)	烘焙百分比 (%)
有鹽奶油	100	62.5
糖粉	130	81.3
全蛋液	65	40.6
杏仁粉	10	6.3
玉米粉	13	8.1
抹茶粉	19	11.9
高筋麵粉	160	100.0
total	497g	310.7%

其他材料

芝麻糖餡：有鹽奶油14g、細砂糖23g、蜂蜜8g、麥芽糖10g、動物性鮮奶油5g、熟黑芝麻15g、熟白芝麻15g

作法

1 **主體**：有鹽奶油＋糖粉，打發至奶油微微發白，分兩次加入全蛋液，攪拌至完全乳化，加入杏仁粉、玉米粉、抹茶粉及高筋麵粉，拌勻。

2 **塑形**：麵團裝入特殊手工曲奇花嘴擠花袋，將花嘴貼著烤盤面，擠出中空造型麵團。

3 **芝麻糖餡**：有鹽奶油＋細砂糖＋蜂蜜＋麥芽糖＋動物性鮮奶油，混合均勻，以中小火加熱至所有材料融勻、沸騰，加入熟黑、白芝麻，拌勻，熄火冷卻，取適量放入造型麵團中空處。

4 **烘烤**：以上火150℃／下火150℃烤約18分鐘即可。

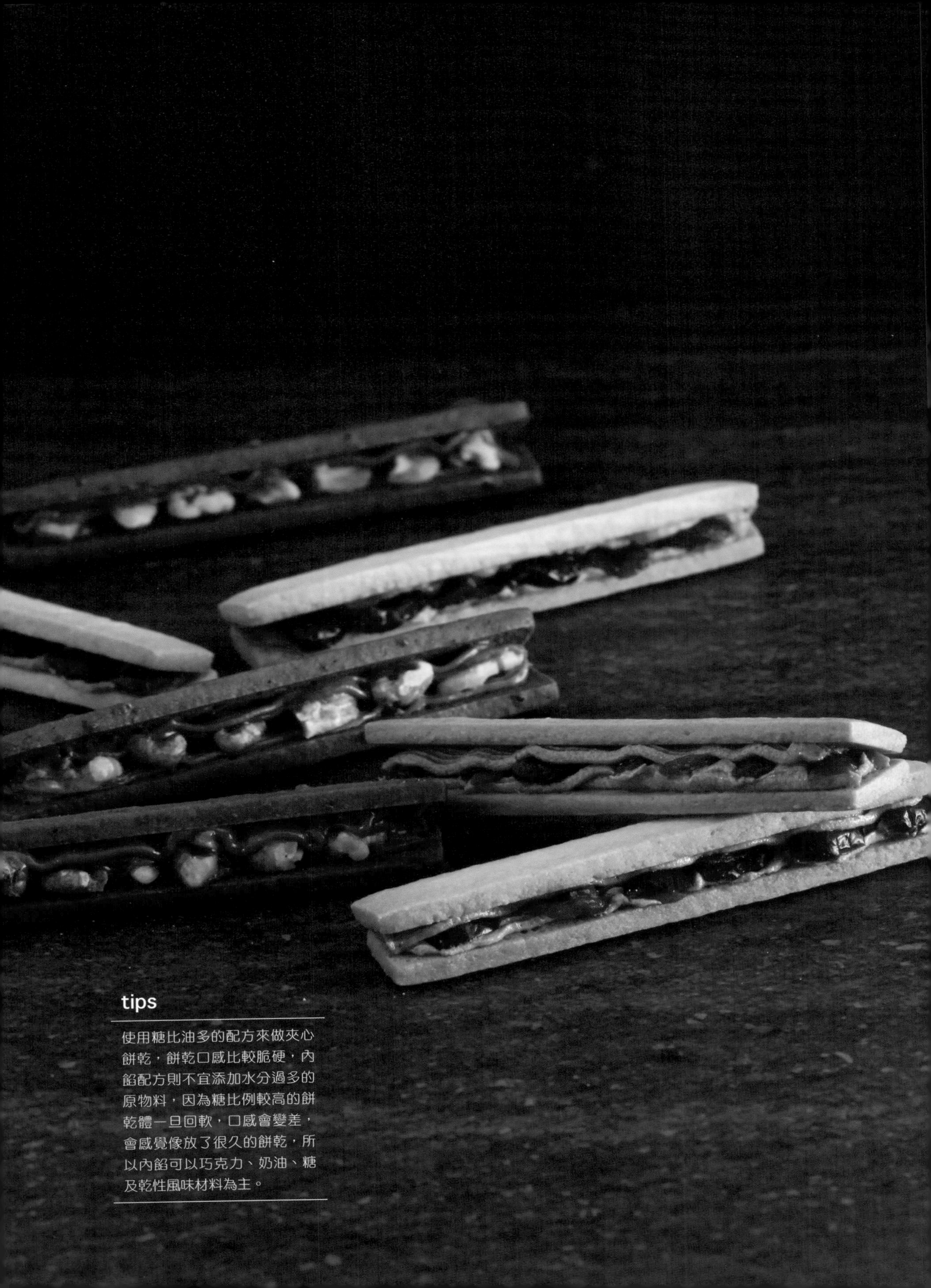

tips

使用糖比油多的配方來做夾心餅乾，餅乾口感比較脆硬，內餡配方則不宜添加水分過多的原物料，因為糖比例較高的餅乾體一旦回軟，口感會變差，會感覺像放了很久的餅乾，所以內餡可以巧克力、奶油、糖及乾性風味材料為主。

蔓越莓夾心棒

食材	重量 (g)	烘焙百分比 (%)
發酵奶油	90	39.1
糖粉	120	52.2
蛋白液	60	26.1
低筋麵粉	230	100
杏仁粉	35	15.2
total	535g	232.6%

其他材料

A 覆盆子夾心餡：發酵奶油100g、葡萄糖粉50g、覆盆子果汁粉20g

B 蔓越莓果乾適量

作法

1 主體：發酵奶油＋糖粉，打發至奶油微微發白，分兩次加入蛋白液，攪拌至完全乳化，加入低筋麵粉、杏仁粉，拌勻。

2 塑形：移進冰箱冷藏30分鐘→取出→擀成厚0.2cm的片狀→冷藏30分鐘→取出→切成寬1.5cm×長10cm的長條。

3 烘烤：以上火160℃／下火150℃烤15～18分鐘，取出冷卻。

4 覆盆子夾心餡：發酵奶油＋葡萄糖粉＋覆盆子果汁粉，打發成均勻的濃稠狀。

5 組合：覆盆子夾心餡裝入擠花袋，擠在餅乾體上，擺上蔓越莓果乾，再擠一層覆盆子夾心餡，另取一片餅乾夾起即可。

紅糖核桃夾心棒

食材	重量 (g)	烘焙百分比 (%)
有鹽奶油	90	39.1
糖粉	40	17.4
黑糖粉	80	34.8
全蛋液	60	26.1
低筋麵粉	230	100.0
杏仁粉	35	15.2
total	535g	232.6%

其他材料

A 焦糖牛奶巧克力餡：苦甜巧克力60g、咖啡牛奶糖50g（作法參見P.115）、有鹽奶油25g

B 熟核桃碎適量

作法

1 主體：有鹽奶油＋糖粉＋黑糖粉，打發至奶油微微發白，分兩次加入全蛋液，攪拌至完全乳化，加入低筋麵粉、杏仁粉，拌勻。

2 塑形：移進冰箱冷藏30分鐘→取出→擀成厚0.2cm的片狀→冷藏30分鐘→取出→切成寬1.5cm×長10cm的長條。

3 烘烤：以上火160℃／下火150℃烤15～18分鐘，取出冷卻。

4 焦糖牛奶巧克力餡：苦甜巧克力切碎，隔水加熱煮融，加入咖啡牛奶糖、有鹽奶油，拌勻，熄火，冷卻備用。

5 組合：巧克力牛奶糖餡裝入擠花袋，擠在餅乾體上，擺上熟核桃碎，再擠一層焦糖牛奶巧克力餡，另取一片餅乾夾起即可。

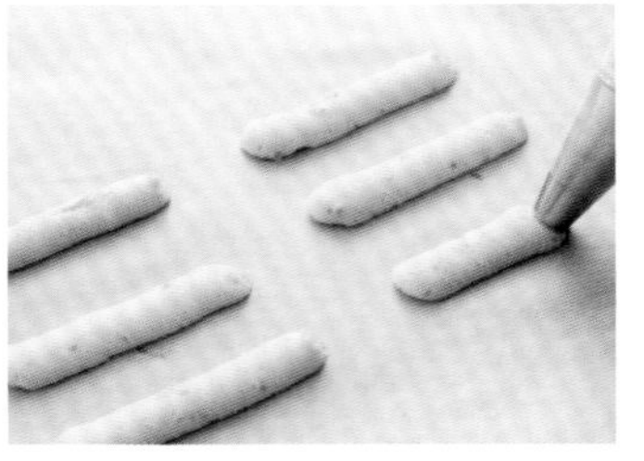

約45片

日式柚子餅乾

食材	重量 (g)	烘焙百分比 (%)
有鹽奶油	100	62.5
細砂糖	145	90.6
全蛋液	50	31.3
低筋麵粉	160	100.0
檸檬粉	10	6.3
柚子粉	10	6.3
日本冷凍柚子皮絲	25	15.6
total	500g	312.6 %

作法

1 主體：有鹽奶油＋細砂糖，打發至奶油微微發白，分兩次加入全蛋液，攪拌至完全乳化，加入低筋麵粉、檸檬粉、柚子粉及日本冷凍柚子皮絲，拌勻。

2 塑形：麵糊裝入直徑0.8cm的平口圓花嘴擠花袋，擠長約5cm的長條。

3 烘烤：以上火180℃／下火170℃約烤12分鐘即可。

tips

柚子粉可在日系超市購買，是料理用的柚子粉，味道很濃，很適合運用在製作餅乾。

花生杏仁脆餅

食材	重量 (g)	烘焙百分比 (%)
有鹽奶油	50	90.9
花生醬	10	18.2
蛋白液	40	72.7
糖粉	55	100
低筋麵粉	55	100
杏仁粉	5	9.1
玉米粉	5	9.1
total	220g	400%

其他材料

A 杏仁蛋白糖：杏仁角130g、糖粉30g、蛋白液30g

B 夾心餡：有鹽奶油60g、花生醬20g、葡萄糖粉10g

作法

1. **杏仁蛋白糖粒**：蛋白液＋糖粉，拌勻，加入杏仁角，攪拌均勻，均勻地攤平在烤焙紙上，以上火150℃／下火150℃烤至淡淡上色，過程中要打開烤箱翻動，讓每一顆杏仁粒能均勻上色，取出，冷卻後再捏碎。
2. **主體**：有鹽奶油＋花生醬＋糖粉，打發至奶油微微發白，加入低筋麵粉、杏仁粉及玉米粉，拌勻，加入蛋白液，拌勻。
3. **塑形**：將麵糊抹入圓形模片，刮平，拉開模片，撒上杏仁蛋白糖粒。
4. **烘烤**：以上火160℃／下火160℃烤12～15分鐘，取出冷卻。
5. **夾心餡**：有鹽奶油＋葡萄糖粉＋花生醬，打發成均勻的濃稠狀。
6. **組合**：將夾心餡裝入擠花袋，擠在餅乾體上，以另一片餅乾夾起即可。

tips

花生杏仁脆餅表面裝飾物以杏仁角為主體，為了要讓杏仁角吃起來更脆，預先將杏仁角和蛋白糖液拌勻烤焙後使用，搭配薄餅組合出更酥脆的口感。

雜糧餅乾的配方中，粉量較少，烤熟時會呈現軟軟狀態，冷卻後則會變硬，也因為粉量比例偏低，餅乾在烤焙後麵糊會攤，穀粒就會較凸出，餅乾面看起來會更有豐富感。

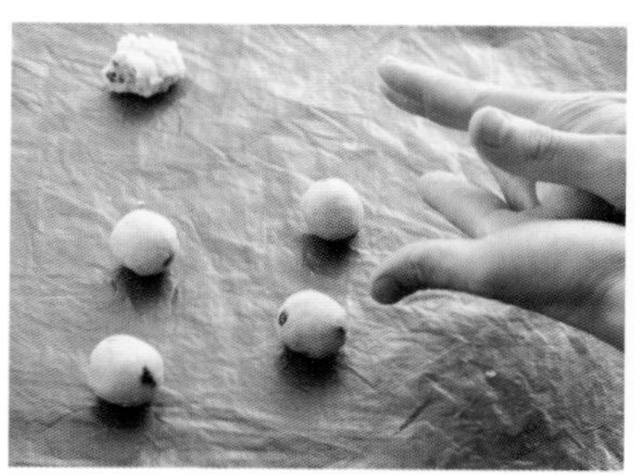

約32片

麗詩餅乾

食材	重量 (g)	烘焙百分比 (%)
有鹽奶油	70	60.9
細砂糖	115	100
全蛋液	32	27.8
低筋麵粉	115	100
泡打粉	2.5	2.2
小蘇打粉	2.5	2.2
杏仁角	130	113
葡萄乾	30	26.1
蘭姆酒	5	4.4
total	502g	436.6%

作法

1 前置：葡萄乾以蘭姆酒浸泡至軟，切碎。
2 主體：有鹽奶油＋細砂糖，打發至奶油微微發白，加入全蛋液，攪拌至完全乳化，加入低筋麵粉、泡打粉、小蘇打粉，稍微拌勻，加入杏仁角、泡酒葡萄乾碎，拌勻。
3 塑形：移進冰箱冷藏30分鐘→取出→分成15g→搓圓→壓平。
4 烘烤：以上火170℃／下火160℃烤約15分鐘即可。

約35片

雜糧餅乾

食材	重量 (g)	烘焙百分比 (%)
有鹽奶油	90	120
黑糖粉	115	153.3
全蛋液	60	80
雜糧粉	40	53.3
低筋麵粉	75	100
杏仁粉	20	26.7
核桃碎	15	20
高熔點巧克力豆	30	40
雜糧穀粒	30	40
燕麥片	60	80
total	535g	713.3%

作法

1 主體：有鹽奶油＋黑糖粉，打發至奶油微微發白，分兩次加入全蛋液，攪拌至完全乳化，加入低筋麵粉、杏仁粉、雜糧粉，稍微拌勻，加入核桃碎、高熔點巧克力豆、雜糧穀粒及燕麥片，拌勻。
2 塑形：移進冰箱冷藏30分鐘→取出→分成15g→搓圓→壓平。
3 烘烤：以上火170℃／下火160℃烤約15分鐘即可。

MM巧克力餅乾

食材	重量 (g)	烘焙百分比 (%)
有鹽奶油	80	51.6
花生醬	32	20.6
糖粉	80	51.6
二號砂糖	40	25.8
全蛋液	45	29.0
低筋麵粉	155	100.0
花生粉	30	19.4
椰子粉	25	16.1
total	487g	314.1%

其他材料

M&M's巧克力適量、蛋白液少許

作法

1. **主體**：有鹽奶油＋花生醬＋糖粉＋二號砂糖，打發至奶油微微發白，分兩次加入全蛋液，攪拌至完全乳化，加入低筋麵粉、花生粉及椰子粉，拌勻。
2. **塑形**：移進冰箱冷藏30分鐘→取出→分成20g→搓圓→壓平→將M&M's巧克力沾上蛋白液，黏壓在麵團表面。
3. **烘烤**：以上火160℃／下火160℃烤16～18分鐘即可。

tips

這款餅乾視覺效果絕佳，繽紛的M&M's巧克力非常討喜，最後再黏上巧克力才能保持其完整性，沾上蛋白液可加強黏著性，避免烤好後巧克力脫落。

美式餅乾須用手壓塑形，為了降低麵團黏度，通常都會使用糖比例較高的配方製作，而為了要增加餅乾表面光澤，除了糖比例較高來增加表面亮度外，也可降低麵粉使用量來提升表面的光澤度。

美式巧克力豆餅乾

食材	重量(g)	烘焙百分比(%)
有鹽奶油	100	60.6
細砂糖	95	57.6
蛋白液	35	21.2
動物性鮮奶油	15	9.1
低筋麵粉	165	100
高熔點巧克力豆	95	57.6
total	505g	306.1%

作法

1 **主體**：有鹽奶油＋細砂糖，打發至奶油微微發白，分兩次加入蛋白液、動物性鮮奶油，攪拌至完全乳化，加入低筋麵粉，稍微攪拌，加入高熔點巧克力豆，拌勻。
2 **塑形**：移進冰箱冷藏30分鐘→取出→分成15g→搓圓→壓平。
3 **烘烤**：以上火170℃／下火160℃烤約15分鐘即可。

美式可可燕麥餅乾

食材	重量(g)	烘焙百分比(%)
有鹽奶油	100	64.5
細砂糖	90	58.1
黑糖粉	55	35.5
全蛋液	45	29
低筋麵粉	155	100
可可粉	20	12.9
小蘇打粉	2	1.3
高熔點巧克力豆	40	25.8
燕麥片	60	38.7
杏仁角	30	19.4
total	597g	385.2%

作法

1 **主體**：有鹽奶油＋細砂糖＋黑糖粉，打發至奶油微微發白，分兩次加入全蛋液，攪拌至完全乳化，加入低筋麵粉、可可粉及小蘇打粉，稍微攪拌，加入高熔點巧克力豆、燕麥片及杏仁角，拌勻。
2 **塑形**：移進冰箱冷藏30分鐘→取出→分成20g→搓圓→壓平。
3 **烘烤**：以上火170℃／下火160℃烤15～18分鐘即可。

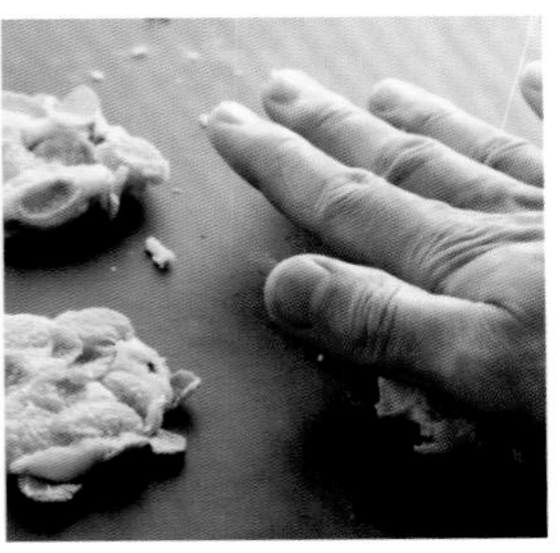

約29片

美式葡萄玉米脆片

食材	重量 (g)	烘焙百分比 (%)
有鹽奶油	135	65.9
細砂糖	120	58.5
動物性鮮奶油	25	12.2
蛋白液	35	17.1
低筋麵粉	205	100
泡打粉	2	1
葡萄乾	70	34.2
蘭姆酒	5	2.4
total	597g	291.3%

其他材料

玉米脆片適量

作法

1 前置：葡萄乾以蘭姆酒浸泡至軟。
2 主體：有鹽奶油＋細砂糖，打發至奶油微微發白，分兩次加入動物性鮮奶油、蛋白液，攪拌至完全乳化，加入低筋麵粉、泡打粉，稍微拌勻，加入泡酒葡萄乾，拌勻
3 塑形：移進冰箱冷藏30分鐘→取出→分成20g→搓圓→裹上玉米脆片→壓平。
4 烘烤：以上火180℃／下火170℃烤約15分鐘即可。

tips

葡萄乾若烤太久容易乾掉，也會變苦，不宜用低溫長時間烤焙，因此這裡提高溫度、縮短時間。此外，將葡萄乾用蘭姆酒泡過，也可以避免烤乾的困擾，同時還能增添風味。

美式椰子燕麥餅乾

食材	重量 (g)	烘焙百分比 (%)
有鹽奶油	80	57.1
海藻糖	70	50
二號砂糖	60	42.9
楓糖漿	15	10.7
全蛋液	35	25
低筋麵粉	140	100
燕麥片	25	17.9
椰子絲	100	71.4
total	525g	375%

作法

1 主體：有鹽奶油＋海藻糖＋二號砂糖+楓糖漿，打發至奶油微微發白，加入全蛋液，攪拌至完全乳化，加入低筋麵粉、燕麥片及椰子絲，拌勻。

2 塑形：移進冰箱冷藏30分鐘→取出→分成20g→搓圓→壓平。

3 烘烤：以上火170℃／下火160℃烤15～18分鐘即可。

tips

燕麥片及椰子絲之口感較為不佳，所以必須搭配餅體口感較硬脆之配方可平衡口感，而在此配方中也添加楓糖漿，讓餅乾口感更加脆硬，能補足燕麥片及椰子絲口感之不足。

part

6

其 他 類 餅 乾

收錄各式以蛋白為基底或特殊的經典的西式餅乾，馬卡龍、台式牛粒、達克瓦茲、杏仁瓦片、比斯寇提……

tips

牛粒是台灣傳統西點，常見香草、巧克力及草莓三種口味，也被稱為台灣的馬卡龍，但和馬卡龍完全不同，牛粒是全蛋打發，糖使用比例較少，反而和拇指餅乾較相似，偏向較乾的海綿蛋糕口感。

烤牛粒時，底火如果太高，表面容易裂開，所以必須將烤盤放在烤箱中層，讓鐵盤底部溫度上升速度變慢，若無烤箱中層架，可在底部加一塊鐵盤，避免底盤溫度太快上升，雖使用上火強的溫度烤焙，但還是不能將牛粒表面烤上色，要維持表面乾淨清爽的狀態。

台式香草牛粒

食材	重量（g）	烘焙百分比（%）
全蛋液	110	129.4
蛋黃液	20	23.5
細砂糖	105	123.5
低筋麵粉	85	100
total	320g	376.4%

其他材料

A 奶油餡：有鹽奶油85g、細砂糖20g、煉乳15g

B 糖粉適量

作法

1 **主體**：全蛋液＋蛋黃液＋細砂糖，打發至溼性發泡，加入低筋麵粉，拌勻。

2 **塑形**：麵糊裝入直徑1.2cm平口圓花嘴擠花袋→擠出直徑1.5cm的麵糊圓點→撒上一層薄糖粉→待糖粉反潮→再撒第二層糖粉，這次的糖粉量可以稍微多一點。

3 **烘烤**：放進烤箱中層，如烤箱無分層，可在底部墊一塊鐵盤，以上火220℃／下火0℃烤約8分鐘，至手可拿起的狀態，取出冷卻。

4 **奶油餡**：有鹽奶油＋細砂糖＋煉乳，一起打發至膨發。

5 **組合**：奶油餡裝入擠花袋中，擠在牛粒餅體上，取另一塊牛粒夾起即可。

台式巧克牛粒

食材	重量（g）	烘焙百分比（%）
全蛋液	110	146.7
蛋黃	20	26.7
細砂糖	105	140
低筋麵粉	75	100
可可粉	10	13.3
小蘇打粉	1	1.3
total	321g	428%

其他材料

奶油餡：有鹽奶油85g、細砂糖20g、煉乳15g

作法

1 **主體**：全蛋液＋蛋黃液＋細砂糖，打發至溼性發泡，加入低筋麵粉、可可粉及小蘇打粉，拌勻。

2 **塑形**：麵糊裝入直徑1.2cm平口圓花嘴擠花袋→擠出直徑1.5cm的麵糊圓點→撒上一層薄糖粉→待糖粉反潮→再撒第二層糖粉，這次的糖粉量可以稍微多一點。

3 **烘烤**：放進烤箱中層，如烤箱無分層，可在底部墊一塊鐵盤，以上火220℃／下火0℃烤約8分鐘，至手可拿起的狀態，取出冷卻。

4 **奶油餡**：有鹽奶油＋細砂糖＋煉乳，一起打發至膨發。

5 **組合**：奶油餡裝入擠花袋中，擠在牛粒餅體上，取另一塊牛粒夾起即可。

tips

達克瓦茲源自法國西南部的 Dax 鎮，是由蛋白，杏仁粉、小麥粉及糖粉所製作出的菓子，糖的使用量比馬卡龍少，外觀形狀以長橢圓形為主，中間再夾入餡料，帶有濕潤、略像蛋糕的口感。市面上除了傳統長橢圓形外，亦延伸出各式形狀，通常以冷藏販售，若要做成常溫保存，則將餅體烤乾一點，餡料搭配單純奶油餡即可。

約20組 香草葡萄達克瓦茲

食材	重量 (g)	烘焙百分比 (%)
蛋白液	125	625
細砂糖	85	425
杏仁粉	105	525
糖粉	70	350
低筋麵粉	20	100
total	405g	2025%

其他材料

蘭姆葡萄奶油餡：發酵奶油83g、細砂糖25g、煉乳17g、葡萄乾65g、蘭姆酒20g

作法

1 **主體**：蛋白液＋細砂糖，打發至乾性發泡，加入杏仁粉、糖粉及低筋麵粉，拌勻至看不到乾粉，切勿過度攪拌，蛋白會消泡。

2 **塑形**：將麵糊擠入橢圓形達克瓦茲模板→刮平→以竹籤沿模緣刮一圈→拉起模板→撒上一層薄糖粉→待糖粉反潮→再撒第二層糖粉。

3 **烘烤**：放進烤箱，以上火170℃／下火130℃烤約35分鐘，取出冷卻。

4 **蘭姆葡萄奶油餡**：葡萄乾切碎＋蘭姆酒浸泡至軟；發酵奶油＋細砂糖＋煉乳，一起打發至膨發，加入泡酒葡萄乾碎，拌勻。

5 **組合**：蘭姆葡萄奶油餡裝入擠花袋中，擠在達克瓦茲餅體上，取另一塊餅體夾起即可。

約15組

抹茶黑豆達克瓦茲

食材	重量 (g)	烘焙百分比 (%)
蛋白液	125	1250
細砂糖	85	850
杏仁粉	105	1050
糖粉	70	700
低筋麵粉	10	100
抹茶粉	10	100
total	405g	4050%

其他材料

抹茶黑豆餡：有鹽奶油150g、果糖50g、抹茶粉3g、蜜黑豆25g

作法

1. **主體**：蛋白液＋細砂糖，打發至乾性發泡，加入杏仁粉、糖粉、低筋麵粉及抹茶粉，拌勻至看不到乾粉，切勿過度攪拌，蛋白會消泡。
2. **塑形**：麵糊裝入1.2cm平口圓花嘴擠花袋，擠長約7cm的長條狀→撒上一層薄糖粉→待糖粉反潮→再撒第二層糖粉。
3. **烘烤**：放進烤箱，以上火170℃／下火130℃烤約30分鐘，取出冷卻。
4. **抹茶黑豆餡**：抹茶粉＋果糖，先拌勻，加入有鹽奶油，一起打發至膨發，加入切碎的蜜黑豆，拌勻。
5. **組合**：抹茶黑豆餡裝入擠花袋中，擠在達克瓦茲餅體上，取另一塊餅體夾起即可。

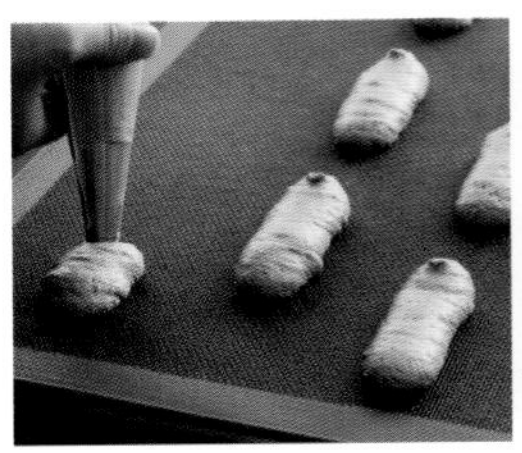

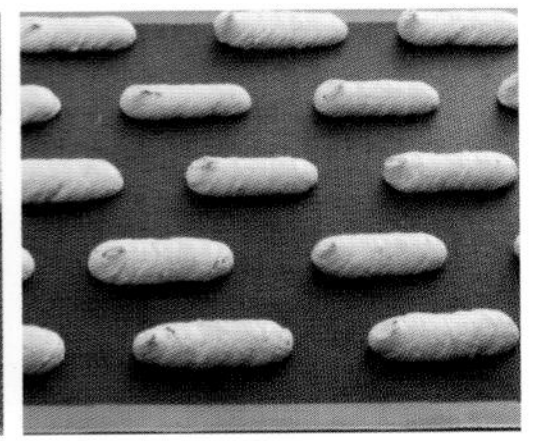

tips

抹茶黑豆餡因為加了蜜黑豆，所以要以冷藏保存，如果想延長保存期限，可以在要食用前再把抹茶奶油餡加入黑豆，或者將蜜黑豆稍微烤過，讓水分乾一點，冷卻後再加入奶油餡中拌勻，都是可延長保存的方法。

榛果達克瓦茲

食材	重量 (g)	烘焙百分比 (%)
榛果粉	150	100
杏仁粉	50	33.3
蛋白液	150	100
細砂糖	60	40
蛋白粉	1.5	1
total	411.5g	274.3%

※ 以蛋白為 100 計算烘焙百分比。

其他材料

榛果巧克力餡：苦甜巧克力100g、榛果醬40g 、有鹽奶油20g

作法

1 **主體**：蛋白液＋蛋白粉＋細砂糖，打發至乾性發泡，加入榛果粉、杏仁粉，拌勻至看不到乾粉，切勿過度攪拌，蛋白會消泡。

2 **塑形**：取直徑約5.5cm的圓框模，底部沾上麵粉，蓋在烤盤上作記號；麵糊裝入0.8cm平口圓花嘴擠花袋→沿圓框記號線邊緣向內擠螺旋狀→撒上一層薄糖粉→待糖粉反潮→再撒第二層糖粉。

3 **烘烤**：放進烤箱，以上火170℃／下火130℃烤約30分鐘，取出冷卻。

4 **榛果巧克力餡**：榛果醬＋有鹽奶油，先打發；苦甜巧克力切碎後隔水煮融，降溫至28℃，加入榛果奶油中，拌勻。

5 **組合**：榛果巧克力餡裝入擠花袋中，擠在達克瓦茲餅體上，取另一塊餅體夾起即可。

tips

蛋白若加入糖的比例越高，打發的蛋白霜會越紮實，品質會較穩定，比較不易消泡，而此配方中與蛋白打發的糖比例較低，雖打發後體積會較蓬鬆，但和粉類拌勻後消泡程度也會比較快，所以從攪拌至入爐的操作速度必須快速且確實將麵糊拌勻。

tips

馬卡龍最早是在義大利修道院由修女製作的杏仁小圓餅，而後傳入法國，再經當地糕點師傅改良，將兩片杏仁小圓餅夾入餡料，也將乾硬脆口的小圓餅改良成濕潤口感。以下四款馬卡龍為義式馬卡龍，作法和法式馬卡龍稍有不同。

材料中的杏仁粉要使用馬卡龍專用杏仁粉，它的質地較細緻，可以烤出表面光滑無細孔的馬卡龍。塑形完成的麵糊必須經過靜置、收乾表面水分，用手指輕摸表面不會有麵糊沾黏至手指，讓表面形成一層殼膜，表面經烤後比較不易有裂痕，而再經中低溫烤焙，則會在麵糊底部形成明顯的蕾絲裙組織。

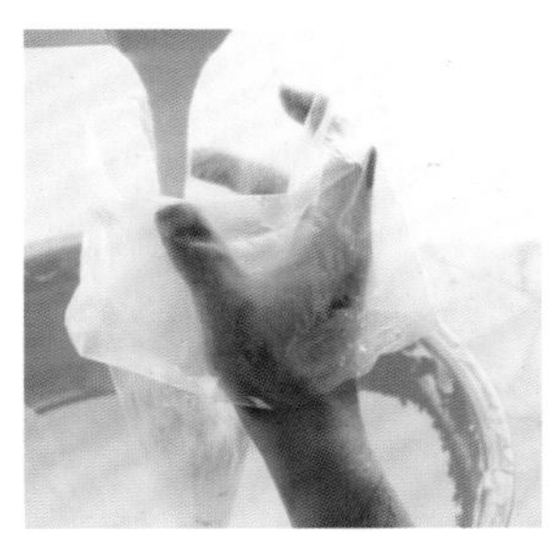

香草胡椒馬卡龍

食材	重量 (g)	烘焙百分比 (%)
蛋白液A	100	48.8
香草籽	0.25支	0.12支
純糖粉	220	107.3
杏仁粉	220	107.3
蛋白液B	105	51.2
細砂糖	275	134.1
水	100	48.8
total	1020g	497.5%

※ 以蛋白總合為 100 計算烘焙百分比。

其他材料

黑胡椒乳酪餡：馬斯卡彭起司250g、動物性鮮奶油250g、黑胡椒粒3.5g

作法

1 **前置**：蛋白液A隔水加熱至40℃，加入香草籽、純糖粉及杏仁粉，拌勻成麵糊；蛋白液B打發至濕性發泡；細砂糖＋水，煮至120℃。

2 **主體**：將作法1熱糖水沖入打到濕性發泡的蛋白中，繼續打發至接近乾性發泡，分三次加入麵糊中輕拌，至表面呈光滑狀，拉起麵糊滴落時，紋路約能維持15秒後消失的狀態。

3 **塑形**：裝入直徑1.2cm平口圓花嘴擠花袋，擠出直徑約3.5cm的圓形，放在室溫中靜置約40分鐘。

4 **烘烤**：以上火140℃／下火140℃烤約18分鐘，至手可拿起的狀態，表面不可上色，取出冷卻。

5 **黑胡椒乳酪餡**：馬斯卡彭起司＋動物性鮮奶油，打至膨發，加入黑胡椒粒拌勻。

6 **組合**：黑胡椒乳酪餡裝入擠花袋中，擠在餅體上，取另一塊餅體夾起即可。

約50組

覆盆子馬卡龍

食材	重量 (g)	烘焙百分比 (%)
蛋白液A	100	48.8
紅色色膏	5	2.4
純糖粉	220	107.3
杏仁粉	220	107.3
蛋白液B	105	51.2
細砂糖	275	134.1
水	100	48.8
total	1025g	499.9%

※ 以蛋白總合為 100 計算烘焙百分比。

其他材料

A 基底奶油餡：蛋黃液35g、細砂糖52.5g、水17.5g、發酵奶油300g

B 覆盆子果醬：覆盆子果泥100g、細砂糖A 60g、果凍粉2g、細砂糖B 3g

tips

製作覆盆子果醬時，果凍粉和砂糖要先混合均勻，加入果泥中拌煮才不會有結粒的情形，不管製作任何烘焙製品，果凍粉都必須先和砂糖混合再加入。

作法

1 **前置**：蛋白液A隔水加熱至40℃，加入紅色色膏、純糖粉及杏仁粉，拌勻成麵糊；蛋白液B打發至濕性發泡；細砂糖＋水煮至120℃。

2 **主體**：將作法1熱糖水沖入打到濕性發泡的蛋白中，繼續打發至接近乾性發泡，分三次加入麵糊中輕拌，至表面呈光滑狀，拉起麵糊滴落時，紋路約能維持15秒後消失的狀態。

3 **塑形**：裝入直徑1.2㎝平口圓花嘴擠花袋，擠出直徑約3.5㎝的圓形，放在室溫中靜置約40分鐘。

4 **烘烤**：以上火140℃／下火140℃烤約18分鐘，至手可拿起的狀態，表面不可上色，取出冷卻。

5 **基底奶油餡**：蛋黃液打發；細砂糖＋水煮至115℃，沖入打發的蛋黃中，繼續打發，再加入發酵奶油，打至膨發，冷卻備用。

6 **覆盆子果醬**：果凍粉＋細砂糖B，拌勻；覆盆子果泥＋細砂糖A煮滾，加入果凍砂糖粉拌勻，煮滾，熄火，冷卻備用。

7 **組合**：基底奶油餡和覆盆子果醬各自裝入擠花袋中，先在餅體擠上基底奶油餡，再擠覆盆子果醬，取另一塊餅體夾起即可。

巧克百香馬卡龍

食材	重量(g)	烘焙百分比(%)
蛋白液A	110	50
可可粉	40	18.2
純糖粉	240	109.1
杏仁粉	240	109.1
蛋白液B	110	50
細砂糖	300	136.4
水	120	54.5
total	1160g	527.3%

※ 以蛋白總合為 100 計算烘焙百分比。

其他材料

百香果奶油餡：新鮮百香果汁粒60g、細砂糖A 25g、細砂糖B 20g、吉利丁片2g、全蛋液50g、發酵奶油60g

tips

製作奶油餡最主要的關鍵是將蛋液經過隔水加熱使濃稠度增加，讓煮好的餡料質地呈現膏狀，待降溫後再加入奶油，若餡料水分過高，馬卡龍餅體吸收水分後會過軟，所以在餡料內可添加吉利丁片，增加餡料硬度。

作法

1 **前置**：蛋白液A隔水加熱至40℃，加入可可粉、純糖粉及杏仁粉，拌勻成麵糊；蛋白液B打發至濕性發泡；細砂糖＋水，煮至120℃。

2 **主體**：將作法1熱糖水沖入打到濕性發泡的蛋白中，繼續打發至接近乾性發泡，分三次加入麵糊中輕拌，至表面呈光滑狀，拉起麵糊滴落時，紋路約能維持15秒後消失的狀態。

3 **塑形**：裝入直徑1.2cm平口圓花嘴擠花袋，擠出直徑約3.5cm的圓形，放在室溫中靜置約40分鐘。

4 **烘烤**：以上火140℃／下火140℃烤約18分鐘，至手可拿起的狀態，表面不可上色，取出冷卻。

5 **百香果奶油餡**：新鮮百香果汁粒＋細砂糖A，煮至95℃；全蛋液＋細砂糖B拌勻，沖入煮至95℃的百香果汁中拌勻，改為隔水加熱，拌勻煮至濃稠狀，加入泡軟擠乾水分的吉利丁，拌勻，熄火降溫，加入發酵奶油拌勻，冷卻備用。

6 **組合**：百香果奶油餡裝入擠花袋中，擠在餅體上，取另一塊餅體夾起即可。

藍莓馬卡龍

食材	重量 (g)	烘焙百分比 (%)
蛋白液A	100	48.8
紫色色膏	5	2.4
純糖粉	220	107.3
杏仁粉	220	107.3
蛋白液B	105	51.2
細砂糖	275	134.1
水	100	48.8
total	1025g	499.9%

※ 以蛋白總合為 100 計算烘焙百分比。

其他材料

A 基底奶油餡：蛋黃液35g、細砂糖52.5g、水17.5g、發酵奶油300g

B 藍莓果醬：藍莓果泥100g、細砂糖A 60g、果凍粉2g、細砂糖B 3g

tips

若想要品嚐到餡料的豐富感，可將馬卡龍的底部壓破，就能填入更多餡料，但要注意餡料水分不宜過高。

作法

1 **前置**：蛋白液A隔水加熱至40℃，加入紫色色膏、純糖粉及杏仁粉，拌勻成麵糊；蛋白液B打發至濕性發泡；細砂糖＋水煮至120℃。

2 **主體**：將作法1熱糖水沖入打到濕性發泡的蛋白中，繼續打發至接近乾性發泡，分三次加入麵糊中輕拌，至表面呈光滑狀，拉起麵糊滴落時，紋路約能維持15秒後消失的狀態。

3 **塑形**：裝入直徑1.2cm平口圓花嘴擠花袋，擠出直徑約3.5cm的圓形，放在室溫中靜置約40分鐘。

4 **烘烤**：以上火140℃／下火140℃烤約18分鐘，至手可拿起的狀態，表面不可上色，取出冷卻。

5 **基底奶油餡**：蛋黃液打發；細砂糖＋水，煮至115℃，沖入打發的蛋黃中，繼續打發，再加入發酵奶油，打至膨發，冷卻備用。

6 **藍莓果醬**：果凍粉＋細砂糖B，拌勻；藍莓果泥＋細砂糖A煮滾，加入果凍砂糖粉拌勻，煮滾，熄火，冷卻備用。

7 **組合**：基底奶油餡和藍莓果醬各自裝入擠花袋中，先在餅體擠上基底奶油餡，再擠藍莓果醬，取另一塊餅體夾起即可。

約50組

抹茶白可可馬卡龍

食材	重量 (g)	烘焙百分比 (%)
蛋白液	100	100
細砂糖	50	50
蛋白粉	1	1
純糖粉	175	175
杏仁粉	140	140
綠色色膏	3	3
total	469g	469%

※ 以蛋白為 100 計算烘焙百分比。

其他材料

抹茶白巧克力餡：白巧克力200g、動物性鮮奶油65g、抹茶粉8g

tips

抹茶白可可馬卡龍和檸檬奶油馬卡龍屬於法式馬卡龍，做法比較簡單，失敗率比較低，如果沒做過馬卡龍，可以先試做這兩款。

作法

1. **主體**：蛋白液＋細砂糖＋蛋白粉，隔水加熱至40℃，離火，打發至乾性發泡，加入、純糖粉、杏仁粉及綠色色膏，拌勻成麵糊。
2. **塑形**：裝入直徑1.2㎝平口圓花嘴擠花袋，擠出直徑約3.5㎝的圓形，放在室溫中靜置10～15分鐘。
3. **烘烤**：以上火160℃／下火0℃烤約18～20分鐘，至手可拿起的狀態，表面不可上色，取出冷卻。
4. **抹茶白巧克力餡**：動物性鮮奶油以中小火煮至微微冒泡，快滾的時候，加入切碎的白巧克力，拌煮至融化，加入抹茶粉，拌勻，熄火，冷卻備用。
5. **組合**：抹茶白巧克力餡裝入擠花袋中，擠在餅體上，取另一塊餅體夾起即可。

檸檬奶油馬卡龍

食材	重量 (g)	烘焙百分比 (%)
蛋白液	100	100
細砂糖	125	125
杏仁粉	125	125
純糖粉	125	125
黃色色膏	3	3
total	478g	478%

※ 以蛋白為 100 計算烘焙百分比。

其他材料

檸檬奶油餡：全蛋液83g、蛋黃液20g、細砂糖43g、檸檬1.5顆、萊姆1.5顆、吉利丁片1g、發酵奶油56g

tips

法式馬卡龍作法是將蛋白直接和砂糖打發，砂糖沒有和水一起煮成糖漿加入蛋白一起打發，所以攪拌完成之麵糊水分較低，塑形後之麵糊的靜置乾燥時間則可縮短。

作法

1. **主體**：蛋白液＋細砂糖，隔水加熱至40℃，離火，打發至乾性發泡，加入純糖粉、杏仁粉及黃色色膏，拌勻成麵糊。
2. **塑形**：裝入直徑1.2cm平口圓花嘴擠花袋，擠出直徑約3.5cm的圓形，放在室溫中靜置10～15分鐘。
3. **烘烤**：以上火160℃／下火0℃烤約18～20分鐘，至手可拿起的狀態，表面不可上色，取出冷卻。
4. **檸檬奶油餡**：檸檬擠汁、萊姆削下表面皮屑；全蛋液＋蛋黃液＋細砂糖拌勻，加入檸檬汁和萊姆皮屑，拌勻，隔水加熱，拌勻煮至濃稠狀，加入泡軟擠乾水分的吉利丁，拌勻，熄火降溫，加入發酵奶油拌勻，冷卻備用。
5. **組合**：檸檬奶油餡裝入擠花袋中，擠在餅體上，取另一塊餅體夾起即可。

tips

配方中因只有蛋白和糖，很容易吸入空氣中的水分而濕潤，所以烘烤完成的成品必須立即裝入密封容器，並放入乾燥劑保存。

蛋白霜（Meringue）指的就是蛋白加糖打發成純白色並富有光澤度的發泡狀態，可做為裝飾用或以低溫烘烤後直接食用。蛋白霜經過烘烤都會有些許上色，若不想上色，想保持顏色潔白，可先以 100℃烘烤約 15 分鐘，放在常溫隔夜，隔日再以 100℃烘烤 10 分鐘即可。

法式蛋白霜雲朵

食材	重量 (g)	烘焙百分比 (%)
蛋白液	100	100
蛋白粉	3	3
細砂糖	70	70
糖粉	70	70
total	243g	243%

※ 以蛋白為 100 計算烘焙百分比。

作法

1 主體：蛋白液＋蛋白粉＋細砂糖，打發至乾性發泡，加入糖粉，拌勻。
2 塑形：裝入五齒菊花嘴擠花袋，擠出花形。
3 烘烤：以上火100℃／下火100℃低溫烘烤約1小時即可。

tips

奶油夾心餡通常會以油脂和糖為主體，而若要製作出硬度較硬、不濕軟的餡料，則可使用吸水溶解性較差的葡萄糖粉，攪拌完成的餡料硬度會較硬，也方便夾心操作，餡料夾入餅體後也不易被擠出，若餡料過軟則可添加奶粉讓餡料質地變乾。

法式蛋白杏仁夾心

食材	重量 (g)	烘焙百分比 (%)
細砂糖	50	333.3
蛋白液	100	666.7
糖粉	50	333.3
杏仁粉	85	566.7
低筋麵粉	15	100
total	300g	2000%

其他材料

A 榛果奶油餡：有鹽奶油50g、葡萄糖粉20g、榛果醬10g

B 黑巧克力適量

作法

1 **主體**：蛋白液＋細砂糖，打發至乾性發泡，加入糖粉＋杏仁粉＋低筋麵粉，拌勻。

2 **塑形**：裝入直徑0.8cm的平口圓花嘴擠花袋，併排擠出五條長約4cm的直條，撒上杏仁粒。

3 **烘烤**：以上火180℃／下火170℃烤約8分鐘，至麵團定型，調整至上火150℃／下火150℃，烤至均勻上色，取出，冷卻備用。

4 **榛果奶油餡**：有鹽奶油＋葡萄糖粉＋榛果醬，一起打發至膨發。

5 **組合**：榛果奶油餡裝入擠花袋中，擠在餅體上，取另一塊餅體夾起，沾上適量切碎後隔水煮融的黑巧克力醬即可。

草莓杏仁蛋白棒

食材	重量 (g)	烘焙百分比 (%)
細砂糖	50	333.3
蛋白液	100	666.7
糖粉	50	333.3
杏仁粉	85	566.7
低筋麵粉	15	100
total	300g	2000%

其他材料

草莓白巧克力醬：白巧克力100g、草莓果汁粉5g

作法

1 **主體**：蛋白液＋細砂糖，打發至乾性發泡，加入糖粉＋杏仁粉＋低筋麵粉，拌勻。

2 **塑形**：裝入直徑0.8cm的平口圓花嘴擠花袋，擠出長約13cm的直條，撒上杏仁粒。

3 **烘烤**：以上火180℃／下火170℃烤約8分鐘，至麵團定型，調整至上火150℃／下火150℃，烤至均勻上色，取出，冷卻備用。

4 **組合**：白巧克力切碎，隔水加熱煮至融化，加入草莓果汁粉拌勻，淋到杏仁蛋白棒上即可。

tips

蛋白打發加入粉類拌均勻後，麵糊狀態還是要有空氣感，經擠花袋擠出後必須維持擠出的形狀，若蛋白消泡會增加麵糊流動性，製作出來的餅乾口感會較紮實，烘烤時要將麵糊徹底烤乾，口感才會脆並且不黏牙。

椰子球

食材	重量 (g)	烘焙百分比 (%)
蛋白液	56	100
細砂糖	70	125
椰子粉	115.5	206.3
玉米粉	7	12.5
total	248.5g	443.8%

※ 以蛋白為 100 計算烘焙百分比。

作法

1 **主體**：蛋白液＋細砂糖，隔水加熱拌煮至融勻，離火，加入椰子粉、玉米粉，拌勻。

2 **塑形**：裝入擠花袋→擠出約12g的圓形→搓圓。

3 **烘烤**：以上火170℃／下火170℃烤約8分鐘，至麵團定型，調整至上火130℃／下火130℃，烤至均勻上色即可。

tips

椰子球麵糊攪拌完成的狀態會較軟，因配方中沒有添加奶油，經過冷藏後硬度也不會有太大變化，所以利用擠花袋擠出相同大小再用手搓圓，就可以快速完成塑形作業。

椰子瑪濃

食材	重量 (g)	烘焙百分比 (%)
蛋白液	105	100
海藻糖	120	114.3
太白粉	18	17.1
椰子粉	105	100
糖粉	120	114.3
椰子絲	210	200
total	678g	645.7%

※ 以蛋白為 100 計算烘焙百分比。

作法

1 **主體**：蛋白液＋海藻糖，打至濕性發泡，加入太白粉、椰子粉、糖粉及椰子絲，拌勻。

2 **塑形**：用小湯匙挖出每勺約20g的小團狀。

3 **烘烤**：以上火120℃／下火140℃烤約30分鐘即可。

tips

為了要保持椰子絲白色的色澤，需用上火較低的中低溫進行烤焙，而配方中以海藻糖取代砂糖和蛋白進行打發，不但能有效降低約一半之甜度，烤焙上色速度也會比較慢，烤好的餅體也較不易吸收空氣中的水分而使餅乾回軟。

花生巧克力瑪濃

食材	重量 (g)	烘焙百分比 (%)
花生粒	250	555.6
可可粉	10	22.2
糖粉	140	311.1
低筋麵粉	12	26.7
蛋白液	45	100
total	457g	1015.6%

※ 以蛋白為 100 計算烘焙百分比。

作法

1 **主體**：可可粉＋糖粉＋低筋麵粉＋蛋白液，拌勻，加入花生粒，攪拌均勻。

2 **塑形**：用湯匙挖出每勺約15g的小團狀。

3 **烘烤**：以上火180℃／下火130℃烤約25分鐘即可。

tips

花生粒要使用花生膜已去除的果仁，才不會影響口感和外觀，而在此配方結構下，也可替換成其它堅果或果乾，是很容易變化口味且簡單操作的一款餅乾。

tips

塑形時叉子可適時沾上蛋白液，避免麵糊沾黏在叉子上，也可以用大湯匙底部或者直接用手把麵糊抹平，而也有直接沾水防沾黏的做法，但水量一，旦過多，會降低餅乾表面之光澤度，烤焙完成後也會出現小氣泡影響外觀，不論是沾蛋白液或水，使用量不要太多避免破壞麵糊配方結構，降低餅乾品質。

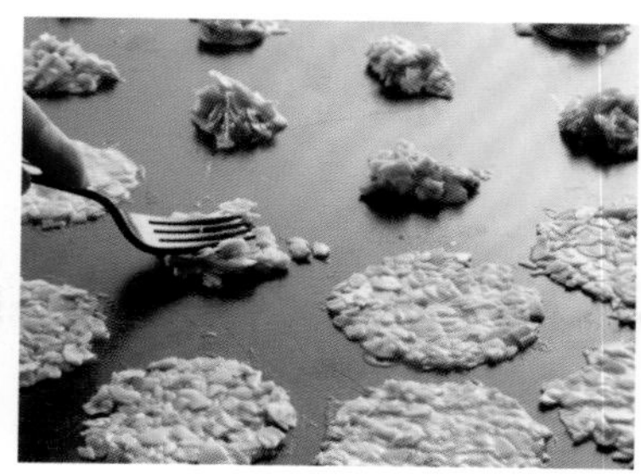

杏仁瓦片

食材	重量 (g)	烘焙百分比 (%)
蛋白液	67	100
細砂糖	58	87.5
融化的有鹽奶油	21	31.3
低筋麵粉	21	31.3
杏仁片	113	170
total	280g	420.1%

※ 以蛋白為 100 計算烘焙百分比。

作法

1 **前置**：杏仁片以上火150℃／下火150℃烘烤5分鐘，取出，冷卻備用。
2 **主體**：蛋白液＋細砂糖，隔水加熱拌煮至融勻，熄火，先取少量加入低筋麵粉中，拌勻，再倒入剩餘的蛋白糖液，拌勻，加入融化的有鹽奶油，拌勻，再加入杏仁片，拌勻。
3 **塑形**：用湯匙挖出每勺約25g的小團狀→利用叉子推平。
4 **烘烤**：以上火170℃／下火160℃烤25～30分鐘即可。

南瓜子瓦片

食材	重量 (g)	烘焙百分比 (%)
全蛋液	22	27.5
蛋白液	80	100
細砂糖	50	62.5
低筋麵粉	25	31.3
抹茶粉	2	2.5
南瓜子仁	150	187.5
total	329g	411.3%

※ 以蛋白為 100 計算烘焙百分比。

作法

1 **前置**：南瓜子以上火150℃／下火150℃烘烤5分鐘，取出，冷卻備用。
2 **主體**：全蛋液＋蛋白液＋細砂糖，隔水加熱拌煮至融勻，離火，加入低筋麵粉、抹茶粉，拌勻，再倒入南瓜子，拌勻。
3 **塑形**：用湯匙挖出每勺約25g的小團狀→利用叉子推平。
4 **烘烤**：以上火140℃／下火140℃烤約25～30分鐘即可。

tips

芝麻瓦片因芝麻吸水性比椰子粉差，拌好的麵糊狀態會比較水，所以配方中除了增加低筋麵粉和芝麻用量外，作法 1 中將奶油煮至焦糖色不但會有焦糖香氣，過程中水分也會揮發成為無水奶油，進而降低些許水分，拌好的麵糊放入冰箱冷藏也能增加硬度方便操作。

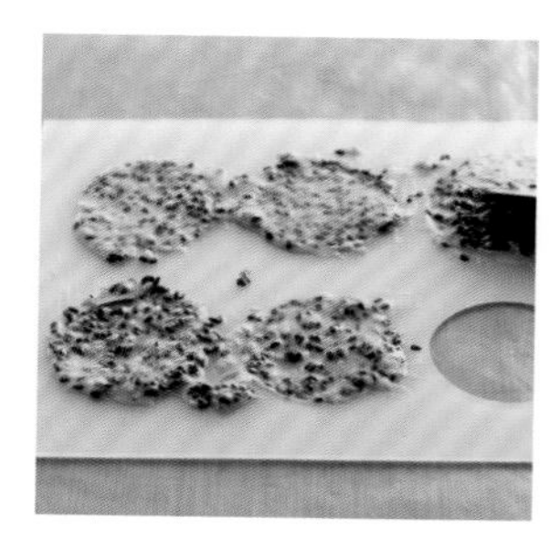

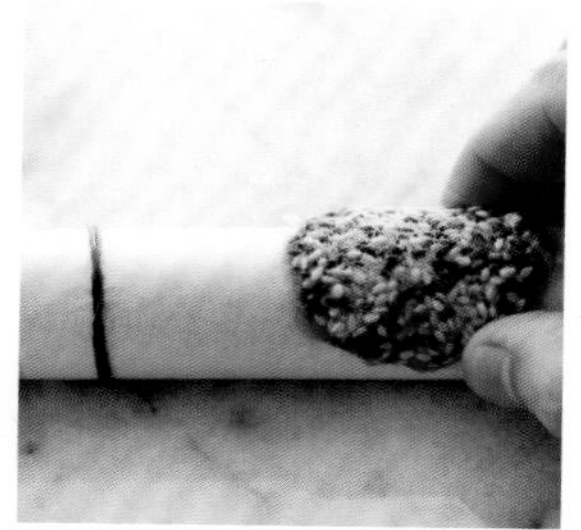

芝麻瓦片

食材	重量(g)	烘焙百分比(%)
有鹽奶油	30	120
蛋白液	70	280
細砂糖	80	320
低筋麵粉	25	100
熟黑芝麻	55	220
熟白芝麻	55	220
total	315g	1260%

作法

1 **前置**：有鹽奶油以小火加熱至有點焦糖色，稍微冷卻，備用。

2 **主體**：蛋白液＋細砂糖，隔水加熱拌煮至融勻，離火，先取少量加入低筋麵粉中，拌勻，再倒入剩餘的蛋白糖液，拌勻，加入作法1焦糖奶油液，拌勻，再加入熟黑、白芝麻，拌勻。

3 **塑形**：移進冰箱冷藏30分鐘→取出→抹入直徑4cm的圓形模片，刮平，拉開模片。

4 **烘烤**：以上火170℃／下火160℃烤12～15分鐘，取出，趁熱壓在桿麵棍上，至冷卻定型即可。

椰子瓦片

食材	重量(g)	烘焙百分比(%)
融化的有鹽奶油	30	150
蛋白液	70	350
細砂糖	80	400
低筋麵粉	20	100
椰子粉	75	375
total	275g	1375%

作法

1 **主體**：蛋白液＋細砂糖，隔水加熱拌煮至融勻，離火，先取少量加入低筋麵粉中，拌勻，再倒入剩餘的蛋白糖液，拌勻，加入融化的有鹽奶油，拌勻，再加入椰子粉，拌勻。

2 **塑形**：將麵糊抹入直徑4cm的圓形模片，刮平，拉開模片。

3 **烘烤**：以上火170℃／下火160℃烤12～15分鐘，取出，趁熱壓在桿麵棍上，至冷卻定型即可。

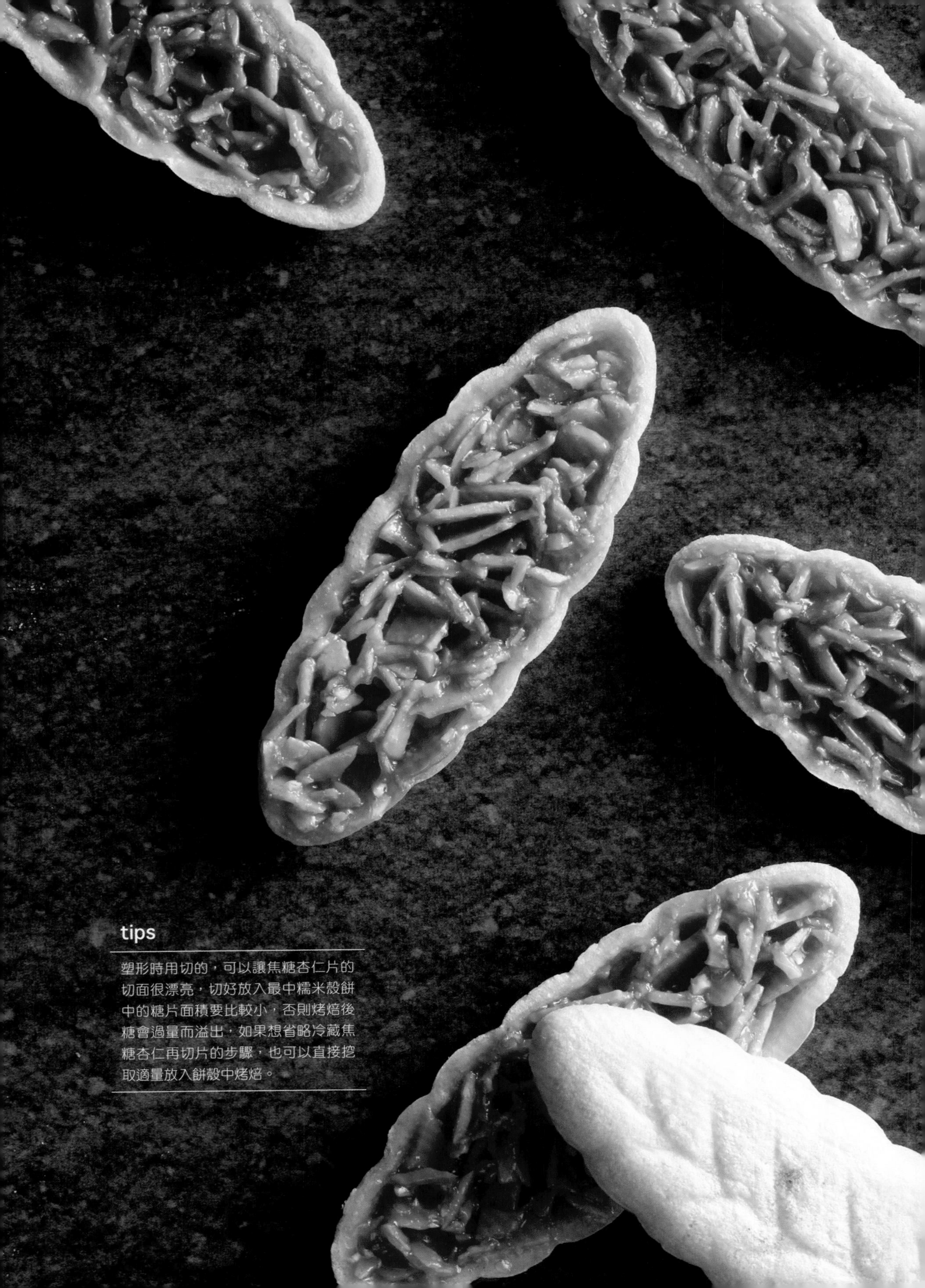

tips

塑形時用切的，可以讓焦糖杏仁片的切面很漂亮，切好放入最中糯米殼餅中的糖片面積要比較小，否則烤焙後糖會過量而溢出，如果想省略冷藏焦糖杏仁再切片的步驟，也可以直接挖取適量放入餅殼中烤焙。

約30片

焦糖杏仁最中

食材	重量 (g)	烘焙百分比 (%)
有鹽奶油	60	50
細砂糖	80	66.7
葡萄糖漿	50	41.7
蜂蜜	15	12.5
杏仁片	120	100
total	325g	270.9%

※ 以主原料：杏仁片為 100 計算烘焙百分比。

其他材料

船形最中糯米餅殼30個

作法

1 **主體**：有鹽奶油＋細砂糖＋葡萄糖漿＋蜂蜜，攪拌均勻，以中小火加熱煮至118℃，熄火，加入杏仁片，拌勻，靜置降溫。

2 **塑形**：將作法1焦糖杏仁裝入塑膠袋中→整形成和船形最中糯米餅殼長寬相當的方形塊狀→移進冰箱冷藏至變硬→取出切片→放入最中糯米餅殼中。

3 **烘烤**：以上火150℃／下火150℃烤約30分鐘即可。

tips

最中入爐烤焙後，裝在餅殼的糖餡加熱一段時間後會開始沸騰冒大泡泡，若感覺糖漿會溢出餅殼外，可立即出爐降溫後再烤焙，所以裝入餅殼的焦糖餡量不可裝到全滿，可避免糖餡溢出殼外。

南瓜子糖餡煮好就立刻填入餅殼中，若在溫熱狀態入爐烤焙，糖餡在短時間內就會滾沸，所以可放置到完全冷卻，也讓水分再散發些後再入爐烤焙。

南瓜子最中

食材	重量(g)	烘焙百分比(%)
有鹽奶油	60	60
細砂糖	80	80
葡萄糖漿	50	50
蜂蜜	15	15
南瓜子	100	100
total	305g	305%

※ 以主原料：南瓜子為 100 計算烘焙百分比。

作法

1 **主體**：有鹽奶油＋細砂糖＋葡萄糖漿＋蜂蜜，攪拌均勻，以中小火加熱煮至118℃，熄火，加入南瓜子，拌勻，靜置稍微降溫。

2 **塑形**：用湯匙舀適量南瓜子糖漿→放入圓形糯米餅殼→靜置到糖漿完全冷卻。

3 **烘烤**：以上火150℃／下火150℃烤約30分鐘即可。

其他材料

圓形最中糯米餅殼25個

黑芝麻最中

食材	重量(g)	烘焙百分比(%)
有鹽奶油	60	60
細砂糖	80	80
葡萄糖漿	50	50
蜂蜜	15	15
黑芝麻	100	100
total	305g	305%

※ 以主原料：黑芝麻為 100 計算烘焙百分比。

作法

1 **主體**：有鹽奶油＋細砂糖＋葡萄糖漿＋蜂蜜，攪拌均勻，以中小火加熱煮至118℃，熄火，加入黑芝麻，拌勻，靜置降溫。

2 **塑形**：將作法1焦糖芝麻裝入塑膠袋中→整形成直徑和圓形餅殼最中糯米餅殼相當的圓條→移進冰箱冷藏至變硬→取出切片→放入最中糯米餅殼中。

3 **烘烤**：以上火150℃／下火150℃烤約30分鐘即可。

其他材料

圓形最中糯米餅殼25個

Biscotti 是義大利的傳統餅乾，這個字有二次烤焙的意思，最早是將沒吃完的麵包切片再經過二次烤乾，形成脆硬的口感，也利於保存，後來演變成加入堅果或柳橙皮等材料，經過二次烤焙的脆餅，可沾咖啡食用。

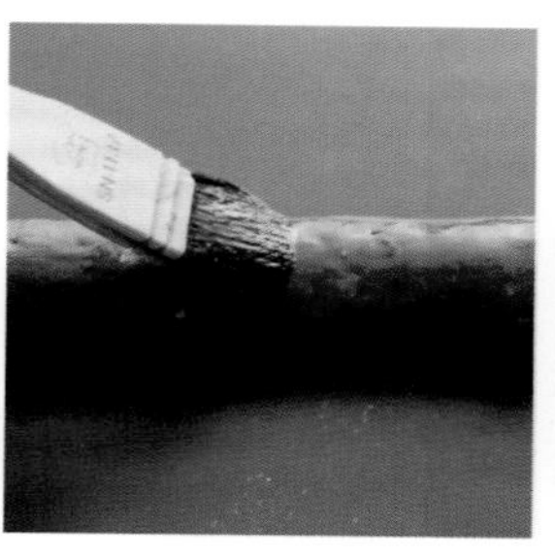

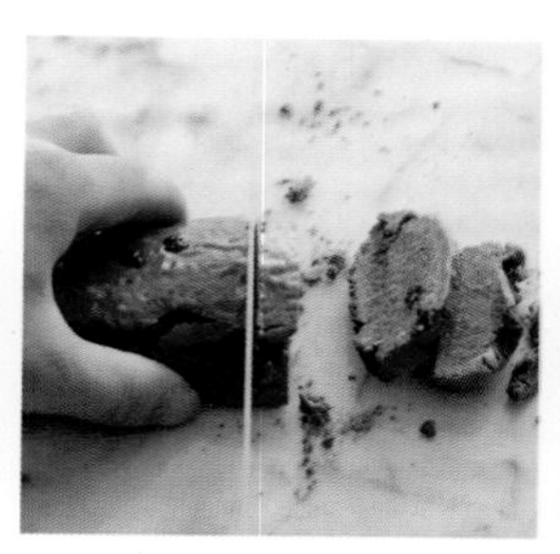

約50片

咖啡杏仁比斯寇提

食材	重量 (g)	烘焙百分比 (%)
全蛋液	110	36.7
細砂糖	100	33.3
鹽	1	0.3
發酵奶油	87.5	29.2
咖啡粉	25	8.3
中筋麵粉	300	100
泡打粉	5	1.7
高熔點巧克力豆	45	15
杏仁片	35	11.7
total	708.5g	236.2%

其他材料

蛋黃液適量

作法

1 **主體**：全蛋液＋細砂糖＋鹽，攪拌均勻至細砂糖融勻，加入發酵奶油，拌勻，加入咖啡粉＋中筋麵粉＋泡打粉，拌勻，再加入高熔點巧克力豆和杏仁片，拌勻。

2 **塑形**：將麵團搓成兩條長約25cm的長條狀→表面刷上蛋黃液。

3 **烘烤**：以上火180℃／下火130℃烤約30分鐘，取出靜置冷卻，切成厚度約1cm的片狀，再以上火140℃／下火120℃烤約25分鐘即可。

約40片

巧克榛果比斯寇提

食材	重量 (g)	烘焙百分比 (%)
全蛋液	88	41.9
細砂糖	80	38.1
鹽	1	0.5
發酵奶油	70	33.3
中筋麵粉	210	100
可可粉	30	14.3
泡打粉	4	1.9
榛果粒	100	47.6
total	583g	277.6%

其他材料

蛋黃液適量

作法

1 **主體**：全蛋液＋細砂糖＋鹽，攪拌均勻至細砂糖融勻，加入發酵奶油，拌勻，加入中筋麵粉＋可可粉＋泡打粉，拌勻，再加入榛果粒，拌勻。

2 **塑形**：將麵團搓成兩條長約20cm的長條狀→表面刷上蛋黃液。

3 **烘烤**：以上火180℃／下火130℃烤約30分鐘，取出靜置冷卻，切成厚度約1cm的片狀，再以上火140℃／下火120℃烤約25分鐘即可。

核桃杏仁比斯寇提

食材	重量 (g)	烘焙百分比 (%)
全蛋液	30	24
細砂糖	75	60
有鹽奶油	30	24
中筋麵粉	125	100
杏仁粉	40	32
泡打粉	1	0.8
核桃	35	28
杏仁豆	35	28
total	371g	296.8%

其他材料

蛋黃液適量

作法

1 **主體**：全蛋液＋細砂糖，攪拌均勻至細砂糖融勻，加入有鹽奶油，拌勻，加入中筋麵粉＋杏仁粉＋泡打粉，拌勻，再加入核桃和杏仁豆，拌勻。

2 **塑形**：將麵團搓成兩條直徑約3cm的圓柱狀→表面刷上蛋黃液。

3 **烘烤**：以上火180℃／下火130℃烤約25分鐘，取出靜置冷卻，切成厚度約0.8cm的片狀，再以上火140℃／下火120℃烤約15分鐘即可。

tips

經過二次烤焙的比斯寇提和現今麵包店的糖片吐司有異曲同工之妙，家裡如果有吐司或者法國麵包，也可以在表面塗上奶油，撒上細砂糖，再烤焙到酥脆狀食用。

洋蔥乳酪棒

食材	重量 (g)	烘焙百分比 (%)
高筋麵粉	400	100
乾洋蔥絲	64	16
橄欖油	40	10
無鹽奶油	20	5
鹽	6	1.5
起司粉	72	18
乾酵母	10	2.5
35~38℃的溫水	224	56
total	836g	209%

作法

1 **前置**：乾酵母＋溫水，攪拌均勻，備用。

2 **主體**：高筋麵粉＋乾洋蔥絲＋橄欖油＋有鹽奶油＋鹽＋起司粉＋作法1酵母水，攪拌均勻，靜置在室溫中發酵約30分鐘。

3 **塑形**：將麵團擀成厚0.5cm的片狀→切成長8cm×寬1.5cm的條狀→搓成圓條→靜置在室溫中再發酵約10分鐘。

4 **烘烤**：以上火190℃／下火120℃烤約15分鐘即可。

tips

市售乾酵母粉依使用特性發展出來的種類越來越多，例如：製作法國麵包所使用的耐低糖或無加糖的專用酵母，或是酵母活性較強，對於麵包發酵品質較好的酵母等，但這款餅乾對酵母和發酵程度不像麵包製作這麼講究，使用一般最廣泛所販售的乾酵母就夠了，只要預先與溫水攪拌溶解，讓酵母活性甦醒，再加入麵團即可。

tips

麵團與奶油經過三折四次的延壓作業後，麵粉的筋度還是會出現，所以最後將麵團擀至 0.3 公分後，需要經過鬆弛，若無經過鬆弛就以模具壓出形狀，麵皮則會收縮及變形。

葉子千層派

食材	重量(g)	烘焙百分比(%)
發酵奶油	325	78.9
高筋麵粉	300	72.8
低筋麵粉	112	27.2
鹽	5.5	1.3
細砂糖	15	3.6
冰水	150	36.4
total	907.5g	220.2%

※ 以麵粉總合為 100 計算烘焙百分比。

其他材料

蛋白液適量、細砂糖適量

作法

1 **前置**：發酵奶油切成1cm塊狀，冷藏備用。
2 **主體**：高筋麵粉＋低筋麵粉＋鹽＋細砂糖＋冰水，攪拌均勻成團，將作法1發酵奶油塊平均分散放在麵團表面，壓整均勻，整形成方形，移入冰箱冷藏1小時，取出，擀開成長方形，左、右向內交疊成三折狀，再移入冰箱冷藏鬆弛30分鐘，取出，重複擀開→三折→冷藏鬆弛的動作，總共四次。
3 **塑形**：將麵團擀成厚0.3cm的片狀→以葉形模具壓出派皮→表面刷上蛋白液→用尖刀劃出葉脈→表面沾上細砂糖。
4 **烘烤**：以上火170℃／下火130℃烤約35分鐘即可。

tips

麵團攪拌至大致均勻成團後，即可和奶油結合開始進入延壓作業，不需攪拌至表面光滑，因為後續的延壓動作還是有攪拌麵團的功能，此外，麵團和奶油的結合要在低溫下作業，避免油脂融入麵團中，所以作法 2 會把麵團放進冰箱冷藏。

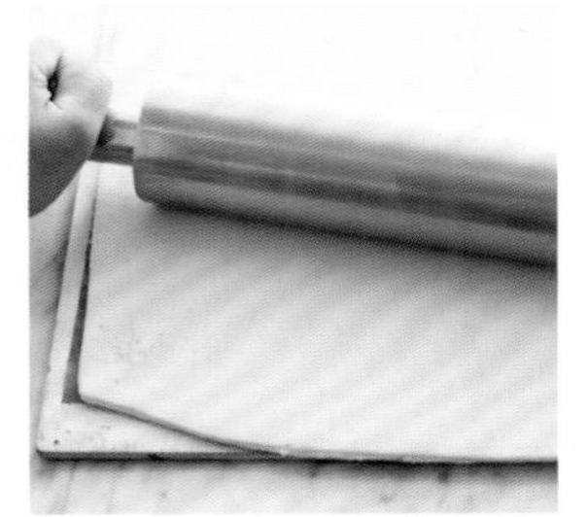
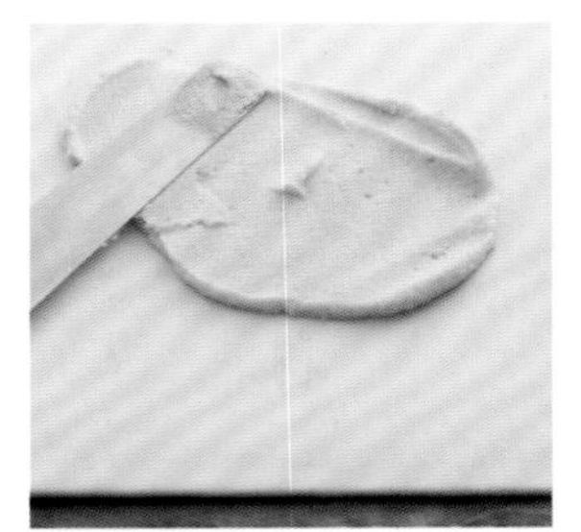

約70片

杏仁千層派

食材	重量 (g)	烘焙百分比 (%)
發酵奶油	325	78.9
高筋麵粉	300	72.8
低筋麵粉	112	27.2
鹽	5.5	1.3
細砂糖	15	3.6
冰水	150	36.4
total	907.5g	220.2%

※ 以麵粉總合為 100 計算烘焙百分比。

其他材料

A 杏仁糖霜：蛋白液50g、糖粉100g、杏仁粉100g

B 杏仁角適量

作法

1 **前置**：發酵奶油切成1cm塊狀，冷藏備用。

2 **主體**：高筋麵粉＋低筋麵粉＋鹽＋細砂糖＋冰水，攪拌均勻成團，將作法1發酵奶油塊平均分散放在麵團表面，壓整均勻，整形呈方形，移入冰箱冷藏1小時，取出，擀開成長方形，左、右向內交疊成三折狀，再移入冰箱冷藏鬆弛30分鐘，取出，重複擀開→三折→冷藏鬆弛的動作，總共四次。

3 **杏仁糖霜**：蛋白液＋糖粉＋杏仁粉，一起攪拌均勻。

4 **塑形**：將麵團擀成厚0.3cm的片狀→抹上杏仁糖霜→撒上杏仁角→切成寬3cm×長8cm。

5 **烘烤**：以上火170℃／下火130℃烤約35分鐘即可。

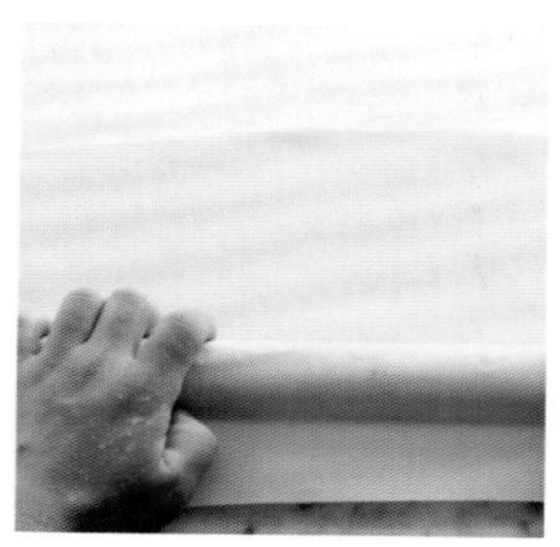

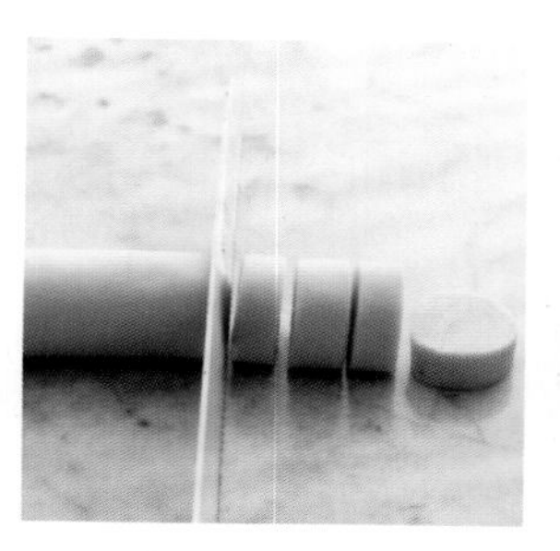

約50片

蝸牛千層派

食材	重量 (g)	烘焙百分比 (%)
發酵奶油	325	78.9
高筋麵粉	300	72.8
低筋麵粉	112	27.2
鹽	5.5	1.3
細砂糖	15	3.6
冰水	150	36.4
total	907.5g	220.2%

※ 以麵粉總合為 100 計算烘焙百分比。

其他材料

A 糖水：細砂糖50g、水50g

B 細砂糖適量

作法

1 **前置**：發酵奶油切成1cm塊狀，冷藏備用。

2 **主體**：高筋麵粉＋低筋麵粉＋鹽＋細砂糖＋冰水，攪拌均勻成團，將作法1發酵奶油塊平均分散放在麵團表面，壓整均勻，整形呈方形，移入冰箱冷藏1小時，取出，擀開成長方形，左、右向內交疊成三折狀，再移入冰箱冷藏鬆弛30分鐘，取出，重複擀開→三折→冷藏鬆弛的動作，總共四次。

3 **糖水**：細砂糖＋水，拌勻，煮至細砂糖融勻，熄火，靜置冷卻。

4 **塑形**：將麵團擀成厚0.2cm的片狀→表面刷上糖水→捲起→切成約1cm厚的圓片→擀成牛舌狀→以噴水器在表面噴水→撒上細砂糖。

5 **烘烤**：以上火170℃／下火130℃烤約45分鐘即可。

tips

作法 4 塑形時，也可直接將切成 1 cm的圓片放在撒滿糖粉的工作台上擀成牛舌狀，讓表面佈滿糖粉後入爐烤焙，表面就會烤出一層帶有光澤的焦糖狀糖衣。

附錄

店家名稱	公司地址	聯絡電話
洪春梅西點器具店	103台北市大同區民生西路389號	02-2553-3859
燈燦食品有限公司	103台北市大同區民樂街125號	02-2553-4495
義興西點原料行	105台北市松山區富錦街574號	02-2760-8115
日光烘焙材料專門店	110台北市信義區莊敬路341巷19號	02-8780-2469
明瑄烘焙原料行	114台北市內湖區港漧路36號	02-8751-9662
飛訊烘焙原料器具	111台北市士林區承德路4段277巷83號	02-2883-0000
橙品手作烘焙材料台北門市	112台北市北投區振華街38號	02-2828-0800
得宏器具原料專賣店	115台北市南港區研究院路1段96號	02-2783-4843
橙佳坊手作烘焙器具原料	115台北市南港區玉成街211號1樓	02-2786-5709
菁乙DIY烘焙材料行	116台北市文山區景華街88號	02-2933-1498
全家烘焙DIY材料行捷運萬隆店	116台北市文山區羅斯福路5段218巷36號	02-2932-0405
富盛烘焙材料行	200基隆市仁愛區曲水街18號1樓	02-2425-9255
大家發食品原料廣場	220新北市板橋區三民路一段101號	02-8953-9111
艾佳食品中和店	235新北市中和區宜安路118巷14號	02-8660-8895
安欣西點麵包器具材料行	235新北市中和區連城路389巷12號	02-2225-0018
全家烘焙DIY材料行中和店	235新北市中和區景安路90號	02-2445-0396
馥品屋食品原料行樹林店	238新北市樹林區大安路173號	02-8675-1687
快樂媽媽烘焙食品行	241新北市三重區永福街242號	02-2287-6020
家藝烘焙材料行	241新北市三重區重陽路一段113巷1弄38號	02-8983-2089
鼎香居烘焙材料行	242新北市新莊區新泰路408號	02-2998-2335
麗莎烘焙材料行	242新北市新莊區四維路152巷5號	02-8201-8458
溫馨屋烘焙坊	251新北市淡水區英專路78號	02-2621-4229
家家酒烘焙材料行淡水門市	251新北市淡水區學府路51巷6弄5號	02-2622-8485
騏霖烘焙食品行	260宜蘭市農權路49號	03-933-0652
欣新烘焙食品行	260宜蘭市進士路二段459號	03-936-3114
裕明食品原料行	265宜蘭縣羅東鎮純精路2段96號	03-954-3429
葉記西點烘焙材料行	300新竹市北區鐵道路二段231號	03-531-2055
艾佳食品竹北店	302新竹縣竹北市成功八路286號	03-550-9977
橙品手作烘焙材料竹北店	302新竹縣竹北市光明一路250號	03-558-8488
柚子烘焙材料食品中壢店	320桃園市中壢區延平路448號	03-425-5030
艾佳食品中壢店	320桃園市中壢區環中東路二段762號	03-468-4558
愛廚房	324桃園市平鎮區中豐路一段312號	03-458-5959
做點心過生活食品原料行	330桃園市桃園區民生路475號	03-333-1879
全國食材廣場有限公司	330桃園市桃園區大有路85號	03-333-9985
陸光烘焙行	334桃園市八德區陸光街1號	03-362-9783
詮紘食材行	358苗栗縣苑裡鎮苑南里5鄰新生路17號	03-785-5806
總信烘焙廚房	402台中市南區復興路三段109-5號	04-2229-1399

店家名稱	公司地址	聯絡電話
橙品手作烘焙材料台中美術館店	403台中市西區存中街24號	04-2371-8999
永誠行台中精誠店	403台中市西區精誠路317號	04-2472-7578
永誠行台中民生店	403台中市西區民生路147號	04-2224-9876
永美製餅材料行	404台中市北區健行路663號	04-2205-8587
齊誠烘培食材行	404台中市北區雙十路二段79號	04-2234-3000
裕軒食品台中北屯分公司	406台中市北屯區昌平路二段20-2號	04-2421-1905
生暉餐飲食材烘焙原料	407台中市西屯區福順路10號	04-2463-5678
辰豐烘焙餐飲手作食材中清門市	407台中市西屯區中清路二段1241號	04-2425-2433
泓富DIY烘焙材料房	408台中市南屯區永春東路1122號	04-2380-7555
大里鄉食品原料行	412台中市大里區長興一街62號	04-2406-3338
漢泰食品原料量販行	420台中市豐原區直興街76號	04-2522-8618
永誠烘焙材料器具行	500彰化市三福街195號	04-724-3927
名陞食品企業有限公司	500彰化市金馬路3段393號	04-761-0099
永誠行彰化建國店	500彰化市建國南路109巷107弄68號	04-724-3927
協成烘焙食品原料行	508彰化縣和美鎮道周路570號	04-757-7267
金永誠烘焙食品原料行	510彰化縣員林市永和街22號	04-832-2811
順興食品原料行	542南投縣草屯鎮中正路586號	04-9233-3455
協昌五金超市	542南投縣草屯鎮太平路一段492號	04-9235-2000
新瑞益原料行	600嘉義市西區仁愛路142號	05-286-9545
名陽食品行	622嘉義縣大林鎮自強街25號	05-265-8482
彩豐食品行	640雲林縣斗六市西平路137號	05-551-6158
永昌食品原料	701台南市東區長榮路一段115號	06-237-7115
開南食品海安總店	704台南市北區海安路三段265號	06-280-6516
銘泉食品銘泉食品材料	704台南市北區和緯路二段223號	06-251-8007
旺來鄉食品原料專業賣場仁德店	717台南市仁德區中山路797號1M	06-249-8701
旺來興食品原料量販店明誠店	804高雄市鼓山區明誠三路461號	07-550-5991
世昌食品原料行	806高雄市前鎮區擴建路1-33號1樓	07-811-1287
德興烘焙原料坊	807高雄市三民區十全二路101號	07-311-4311
旺來昌食品原料購物廣場博愛店	813高雄市左營區博愛三路466號	07-345-3355
茂盛食品有限公司	820高雄市岡山區前峰路29-2號	07-625-9679
盛欣食品原料行	831高雄縣大寮鄉鳳林三路776-5號	07-786-2286
順慶實業有限公司	830高雄市鳳山區中山西路25號	07-740-4556
旺來興食品原料量販店本館店	833高雄市鳥松區本館路151號	07-370-2223
裕軒食品屏東潮州總公司	920屏東縣潮州鎮太平路473號	08-788-7835
裕軒食品屏東市分公司	900屏東縣屏東市廣東路398號	08-737-4759
勝華烘焙食品行	970花蓮市中山路723號1樓	03-856-5285
玉記香料行	950台東縣台東市漢陽北路30號	08-932-6505

餅乾研究室 I

搞懂關鍵原料！油＋糖＋粉，學會自己調比例、寫配方

〔2024 經典暢銷版〕

cookie laboratory

作　　者	林文中
企劃編輯	張淳盈
攝　　影	王正毅
美術設計	Bianco_Tsai
內頁設計	謝佳惠
社　　長	張淑貞
總 編 輯	許貝羚
編輯協力	彭秋芬
發 行 人	何飛鵬
事業群總經理	李淑霞
出　　版	城邦文化事業股份有限公司 麥浩斯出版
地　　址	115 台北市南港區昆陽街 16 號 7 樓
電　　話	02-2500-7578
傳　　真	02-2500-1915
購書專線	0800-020-299
發　　行	英屬蓋曼群島商家庭傳媒股份有限公司城邦分公司
地　　址	115 台北市南港區昆陽街 16 號 5 樓
電　　話	02-2500-0888
讀者服務電話	0800-020-299（9:30AM~12:00PM；01:30PM~05:00PM）
讀者服務傳真	02-2517-0999
讀者服務信箱	csc@cite.com.tw
劃撥帳號	19833516
戶　　名	英屬蓋曼群島商家庭傳媒股份有限公司城邦分公司
香港發行	城邦〈香港〉出版集團有限公司
地　　址	香港九龍土瓜灣土瓜灣道 86 號順聯工業大廈 6 樓 A 室
電　　話	852-2508-6231
傳　　真	852-2578-9337
Email	hkcite@biznetvigator.com
馬新發行	城邦〈馬新〉出版集團 Cite (M) Sdn Bhd
地　　址	41, Jalan Radin Anum, Bandar Baru Sri Petaling, 57000 Kuala Lumpur, Malaysia.
電　　話	603-9056-3833
傳　　真	603-9057-6622
Email	services@cite.my
製版印刷	凱林印刷事業股份有限公司
總 經 銷	聯合發行股份有限公司
地　　址	新北市新店區寶橋路 235 巷 6 弄 6 號 2 樓
電　　話	02-2917-8022
傳　　真	02-2915-6275
版　　次	三版一刷 2024 年 10 月
定　　價	新台幣 450 元 / 港幣 150 元

Printed in Taiwan

餅乾研究室 . I, 搞懂關鍵原料！油 + 糖 + 粉 , 學會自己調比例、寫配方 / 林文中著 . -- 三版 . -- 臺北市 : 城邦文化事業股份有限公司麥浩斯出版 : 英屬蓋曼群島商家庭傳媒股份有限公司城邦分公司發行 , 2024.10　面；　公分
ISBN 978-626-7558-12-6(平裝)

1.CST: 點心食譜

427.16　　113013492

cookie laboratory

cookie laboratory